SONGLIAO PENDI JI ZHOUYUAN
YEWAI DIZHI POUMIAN TUJI

松辽盆地及周缘野外地质剖面图集

主编：王凤兰　│　副主编：张　顺　付秀丽　王　雪
苏杨鑫　白　月　徐庆霞

石油工业出版社

内 容 提 要

本书内容包括了松辽盆地及周缘典型露头的整体面貌，各种沉积特征、构造特征、地层特征及相关微观薄片荧光照片均有涉及，书中涉及的地层主要有基底石炭系—二叠系、下白垩统，以及深层的营城组和登娄库组，中浅层的泉头组、青山口组、姚家组、嫩江组和四方台组等地层的建组地质剖面和典型露头，重点突出表现松辽盆地中浅层及深层的标准剖面。本书为松辽盆地及周缘野外踏勘、教学实习、基础地质研究及松辽盆地深层天然气、中浅层常规油气资源及青山口组中高成熟度页岩油气、嫩江组低成熟度页岩油气资源的勘探开发提供重要依据。

本书为松辽盆地及周缘大庆油田探区野外踏勘、教学实习及松辽盆地深层天然气、中浅层常规油气及青山口组、嫩江组页岩油气勘探开发提供重要依据。

图书在版编目（CIP）数据

松辽盆地及周缘野外地质剖面图集 / 王凤兰主编
. —北京：石油工业出版社，2024.3

ISBN 978-7-5183-6117-5

Ⅰ．① 松… Ⅱ．① 王… Ⅲ．① 松辽盆地—地质剖面图—图集 Ⅳ．① P618.130.62-64

中国国家版本馆 CIP 数据核字（2023）第 129785 号

出版发行：石油工业出版社
（北京安定门外安华里 2 区 1 号　100011）
网　址：www.petropub.com
编辑部：（010）64523760　　图书营销中心：（010）64523633
经　销：全国新华书店
印　刷：北京中石油彩色印刷有限责任公司

2024 年 3 月第 1 版　2024 年 3 月第 1 次印刷
787×1092 毫米　开本：1/8　印张：49.5
字数：394 千字
定价：500.00 元

《松辽盆地及周缘野外地质剖面图集》

编 委 会

主　编：王凤兰

副主编：张　顺　付秀丽　王　雪　苏杨鑫　白　月

　　　　徐庆霞

成　员：郑　强　李军辉　贾　琼　白雪晶　杨庆杰

　　　　黄清华　王　辉　洪淑新　朱正茂　金明玉

　　　　崔坤宁　曹维福　陈百军

　　石油地质肇始于野外露头、野外地质调查，以至寻找油苗，进而演算确定油田，这是早期地质家的事业。随着石油勘探开发技术的发展进步，油气发现和开采不断向覆盖区、向深层甚至已向深海进军。野外地质调查依然是石油地质家的"基本功"，若是油气覆盖区周缘有露头，那是天赐的"油田天然实验室"。

　　《松辽盆地及周缘野外地质剖面图集》是大庆油田勘探开发研究院院长王凤兰带领企业技术专家张顺及团队历时两年，面对疫情等不利影响，以强烈的事业心和责任感克服重重困难而集大成者。该图集围绕黑龙江省、吉林省、辽宁省及内蒙古自治区地质露头编写，内容丰富，图件清晰，文图并茂，并多有创新建树。一是涉及野外剖面分布广泛，地质层位齐全，特别是在海伦市境内发现具有很好科学价值的姚家组人工剖面；二是重新厘定各类剖面的地层归属及实用科学价值，对 5 条地层争议的剖面确定了地层归属，新发现了 9 条剖面并确定了其地层归属；三是发现了二叠系大规模泥石流沉积地层；四是发现了石炭系大型磨拉石建造，找到了边缘相地层；五是获取了恐龙化石，对于剖面的地层对比及环境恢复具有重要的科学意义；六是发现了青山口组内部发育不整合面；七是针对"古龙页岩"这一热点领域，特别是脆性矿物中的白云岩、生物灰岩、鲕粒灰岩及叠层石灰岩等共生岩性组合，就其生成环境进行了深入研究和系统表述，提出了"黏糕层"的概念。在大庆油田勘探开发研究院建院 60 周年即将到来之际，本书也将是一份厚礼。

　　作为当时大庆油田的一员，特别是古龙页岩油取得战略突破后，就极想做一次系统的盆地周缘地质调查，但因新冠疫情未能成行。看到这部专著，尽管未能参与其中，但能够在出版付梓之前分享到这一特殊时期了不起的成果，我感到由衷的高兴和自豪，并诚挚祝贺。这部专著既是一部基础性的科研成果，也是一本未来调查工作的指南。希望有志者，循迹攀登，接续前行，豁然之后，为百年油田建设和石油工业发展创新业、建新功。

孙龙德

中国工程院院士

前 言
PREFACE

　　松辽盆地跨越黑龙江、吉林、辽宁、内蒙古四个省（自治区），被大兴安岭、小兴安岭、张广才岭及长白山环绕，也是现今地形上的盆地。盆地内部发育松花江、嫩江、辽河、呼兰河及拉林河等大小不等的数十条河流，还有连环湖、查干湖等众多天然湖泊，以及广泛分布于山区、丘陵和平原地带的规模不等的水库。这些山系、河流、湖泊及水库为野外地质露头发育提供了良好的客观条件，同时随着工程建设的快速发展，一些人工剖面也为野外考察提供了良好的地质信息，成为本次野外地质研究不可或缺的补充资料。松辽盆地及其周边从基底到盖层都有出露，地质年代包括石炭纪、二叠纪、三叠纪、侏罗纪、白垩纪及古近—新近纪。白垩纪以前的地层出露在盆地周边丘陵和山区的天然断崖、人工矿坑及水库沿岸，白垩系主要出露在盆地内部河流及湖泊体系的高崖及陡岸。

　　松辽盆地油气勘探开发半个多世纪以来，不仅通过野外地质剖面建立了盆地标准地层序列，也培养了几代石油地质科技人才，有效地促进了石油地质科学及大庆油田勘探开发科学技术的发展，但遗憾的是至今尚没有出版过全盆地完整系统的地质剖面图集。因此，一些经典的地质剖面，特别是一些建组剖面在大自然及人类的活动干扰下遭受严重破坏，原始地质面貌未得到及时的记录，这不仅给后来盆地地质科学研究造成了极大不便，同时对已有地层序列地质溯源和继续深入研究遗留科学问题造成了极大障碍。因此，地质工作人员系统地搜集和梳理了半个多世纪以来油田科研人员大量的科研成果、生产资料及各高校院所发表的相关文章、书籍和学位论文等资料，同时经过两年的系统全面勘察工作并进行系统梳理、完善和优选之后形成《松辽盆地及周缘野外地质剖面图集》一书。

　　总体上本次研究成果有以下特点：一是收集的野外剖面分布广泛，地质层位齐全。图册累计观察露头剖面112条，正式优选编排了73条剖面，在盆地东南西北四个方向及内部都有分布，特别是在松辽盆地北部倾没区，历来可共研究的剖面很少，而且也只限于嫩江组，但本次通过详细勘察，在海伦县境内发现具有很好科学价值的姚家组人工剖面；地层上包含了石炭系、二叠系、三叠系、白垩系，地层序列上包含了杨家沟组、卢家屯组、机房沟组、哲斯组、西保安组、黄顶子组、老龙头组、火石岭组、沙河子组、营城组、登娄库组、泉头组、青山口组、姚家组、嫩江组、四方台组共16个组，几乎包含了松辽盆地四个构造层发育的所有地层单元；二是对各类剖面的地层归属及实用科学价值进行了梳理。对5条地层归属有争议的剖面开展了古生物、地层岩性组合、周边地层接触关系研究，并与盆地其他剖面和钻井资料进行对比后，将地层归属进行了调整，比如吉林省山根底下姚家组及黑龙江省宾县塘坊林场青山口组等。新发现了9条剖面，通过系统分析和深入研究确定了其地层归属，比如黑龙江省绥棱县毛山屯人工矿坑姚家组及海伦市井家店沿河嫩江组剖面。通过对原有地质剖面实用科学价值进行梳理，发现有5条剖面已经不能满足研究和考察培训的需求，比如辽宁省昌图五色山泉头组建组剖面、黑龙江省绥棱县小徐家围子嫩江组剖面，由于风化、坍塌、绿化治理及工程改造等因素已经失去了原有的面貌，通过详细考察和研究，在这些剖面附近选取了新的地点作为替代剖面；三是针对"古龙页岩"这一热点领域，特别是以脆性矿物为主的白云岩、生物灰岩、鲕粒灰岩及叠层石灰岩等共生岩性组合，就其生成环境进行了深入研究和系统表述，极具创新性地提出了"黏糕层"这一描述分散型白云岩产状及组合特征的概念，对于探讨页岩中白云岩成因这一热点问题，以及海侵事件这一争论已久的问题正确认识有着积极的科学价值；四是发现石炭系大型磨拉石建造，在黑龙江省宾县靠山屯发现了沿江冲蚀形成的石炭系大型磨拉石建造剖面，剖面延伸近 2000m，规模宏大，以往松辽盆地古生代基底都是碳酸盐岩和板岩类剖面，而本次发现说明找到了边缘相地层，对于东北地区石炭系岩相古地理研究具有很高的科学价值；五是发现并采集到了众多的古生物化石，在野外地层中发育大量古生物化石，本次采集到的介形虫、叶肢介、双壳类及鱼类化石都比较完整，特别是在吉林省山根底下剖面，通过当地村民获取了恐龙化石，这对于剖面的地层对比及环境恢复都具有重要的科学意义；六是发现了青山口组内部发育不整合面，在盆地东部吉林省东灯楼库屯人工矿坑发现青山口组二段下部发育的角度不整合面，上覆厚约 60cm 的铁质砂岩氧化壳，这一发现不仅证实了由地震和钻井推测的青山口组与姚家组之间发育不整合界面的认识，而且也成为地层厘定的重要依据，同时为盆地沉积和构造演化的恢复提供了新的事实依据，具有重要的意义；七是发现在黑龙江省龙江县东征屯发育二叠系大规模泥石流沉积地层，在内蒙古自治区刘家窑和新林镇发育二叠系复理石沉积地层，这与以往二叠系地质剖面岩性都是板岩有着较大的差异，说明二叠系在松辽盆地西北部存在边缘相，这对于恢复二叠系岩相古地理和预测岩性分布有非常重要的科学价值。

研究团队通过本图册的编辑工作，不仅梳理了半个多世纪以来所使用地质剖面记录，完善了相关地质信息，选取了一些新剖面来补充和替代原有剖面的不足，而且填补了松辽盆地在野外地质剖面著录方面的空白，为后续松辽盆地石油地质科学研究及对已有地层序列地质溯源和遗留科学问题继续深入探讨提供了翔实系统的地质记录，具有重要的教学价值、培训价值及科研价值。

本图集的编纂工作历时两年，图集的策划设计、整体思路由王凤兰、张顺负责完成，野外采集、室内编辑由张顺、付秀丽、王雪、苏杨鑫、白月、徐庆霞、郑强等负责完成，样品地球化学分析、薄片制作及鉴定等实验分析工作由王雪、洪淑新、白雪晶、刘洋负责，杨庆杰、朱正茂、曹维福、陈百军、张大智、黄清华、王辉也参与了野外取样、实验勾样及资料搜集和整理工作，贾琼负责文献整理及剖面地图清绘工作，地质图件由金明玉、郑强、张大智、崔坤宁制作。

值此图集完成之际，首先要特别感谢半个多世纪以来在松辽盆地野外艰苦跋涉实测剖面的石油地质前辈、同事，以及参与大庆油田科技攻关的科研院所、大专院校的各位专家、教授，正是有他们不懈的努力，为本图集完成奠定了良好的基础。在图集编排过程中，中国石油勘探开发研究院程宏岗、南京大学林春明、吉林大学方石、东北石油大学袁红旗及胡才志给予了指导和帮助，在此一并表示衷心感谢。另外，大庆油田勘探开发研究院王朋、冯子辉、陈树民及李军辉、黄清华在野外工作与图册编制中给予了大力支持，在此表示诚挚的谢意。

由于笔者水平有限，书中难免存在遗漏和不足，敬请读者批评指正，谨以此图集献给在松辽盆地从事地质、油气勘探和开发的前辈和同行们！

目 录
CONTENTS

8 辽宁省昌图县地质剖面

9 内蒙古自治区松辽盆地西缘地质剖面

10 黑龙江省齐齐哈尔市甘南县四方山水库地质剖面

11 松辽盆地古生界与三叠系地质剖面

1 松辽盆地概述

1.1 松辽盆地地质概况

1.1.1 地理位置

松辽盆地位于中国东北部，119°40′E～128°24′E，42°25′N～49°23′N。盆地形状为菱形，长轴北北东向延伸，短轴南南西向展布，长约750km，宽330～370km，面积约26×10⁴km²。行政区划上，松辽盆地主体位于黑龙江省和吉林省境内，西部、西南部和南部的部分地区延伸到内蒙古自治区和辽宁省，是我国东北部一个大型的中新生代陆相含油气盆地。

1.1.2 构造特征

1.1.2.1 构造演化阶段

根据松辽盆地发育的区域构造背景、构造样式、沉积演化、火山活动和热历史研究，松辽盆地形成和发展经历了同裂陷、裂后热沉降、大规模构造反转及新生代断坳四个演化阶段（高瑞琪等，1997），形成了同裂陷构造层和坳陷构造两套地层、反转构造层及新生代断坳构造层。断陷构造层包括下白垩统火石岭组，沙河子组，营城组及登娄库组一段、登娄库组二段，坳陷构造层包括下白垩统的登娄库组三段、登娄库组四段，泉头组，青山口组，姚家组和嫩江组，反转构造层包括四方台组和明水组，新生代断坳构造层包括古近系、新近系及第四系。松辽盆地主要盖层是断陷层及坳陷层，最大厚度超过10000m，是油气生成、运移和聚集的重要场所，反转构造层和新生代断坳构造层分布规模比较小，对油气成藏贡献不大，所以研究程度较低。松辽盆地构造演化机制地质综合柱状图如图1.1所示。

同裂陷阶段初期以大规模火山喷发为主要特征。晚侏罗世—早白垩世早期，松辽盆地呈区域性隆起，地幔出现局部异常，岩石圈发生减薄作用，并产生热点，沿断裂伴随大规模火山喷发，形成直接覆盖在上古生界浅变质岩基底之上的火石岭组火山岩系（邢大全等，2015；刘永江等，2010；王成文等，2008，2009；周建波等，2009；王五力等，2012，2014；潘柱等，2009，2016）。盆地内强烈的火山活动主要集中在西部，而东部以单纯的地壳裂陷作用为主，断陷内充填了巨厚的裂谷式补偿沉积（任利军等，2007；张艳杰，2012）。下白垩统沙河子组—营城组沉积时期，松辽盆地进入伸展断陷阶段，受不同类型边界断层控制，盆地内断陷呈分散发育格局，主要有箕状半地堑式、地堑式、凹陷式及复合式共四种基本构造样式，大量断陷以西断东超为主，部分小断陷为东断西超。此时期最大的断陷为林甸—李家围子断陷、安达—徐家围子断陷和德惠—梨树断陷，它们的面积、宽度、深度都远大于其他断陷，其中林甸—李家围子断陷面积超过3000km²，安达—徐家围子断陷面积超过2500km²。各断陷群的边界大断层向深部会聚到上下地壳之间的韧性剪切带或上地壳低角度拆离带中。登娄库组沉积初期盆地进入断坳转换时期，各分散断陷逐渐连成一体，向形成统一的湖盆演化。

裂后热沉降阶段为下白垩统登娄库组沉积晚期—上白垩统嫩江组沉积时期，同裂陷作用结束，软流圈回落，岩石圈发生热收缩，松辽盆地进入裂后热沉降阶段（张兴洲等，2011；周志宏等，2002，2011；刘水江等，2010；李守军等，2014）。该时期在35Ma（100—65Ma）内沉积了一套厚达3000m的砂岩、泥岩互层的河流相、三角洲相和湖相沉积地层。登娄库组沉积时期，松辽盆地基本形成东部和西部两个统一的坳陷，其间有古中央隆起分隔，构造面貌表现为"一隆两坳"的特征。泉头组沉积时期—嫩江组沉积时期，松辽盆地已形成统一的湖盆，进入大型坳陷发展的全盛时期，自泉头组一段沉积时期开始，松辽盆地沉积范围超越前期存在的古中央隆起，沉积范围逐渐扩大，各层段向盆地边缘超覆，在齐家—古龙—大安—乾安一带形成了继承性深坳陷—中央坳陷区。

构造反转阶段包括白垩纪末的四方台组—明水组沉积时期，实际上嫩江组二段沉积时期，松辽盆地东部就受到来自太平洋板块的挤压作用，盆地东部逐渐抬升，同时沉积物源也发生了明显的改变，由北部长轴方向转变成

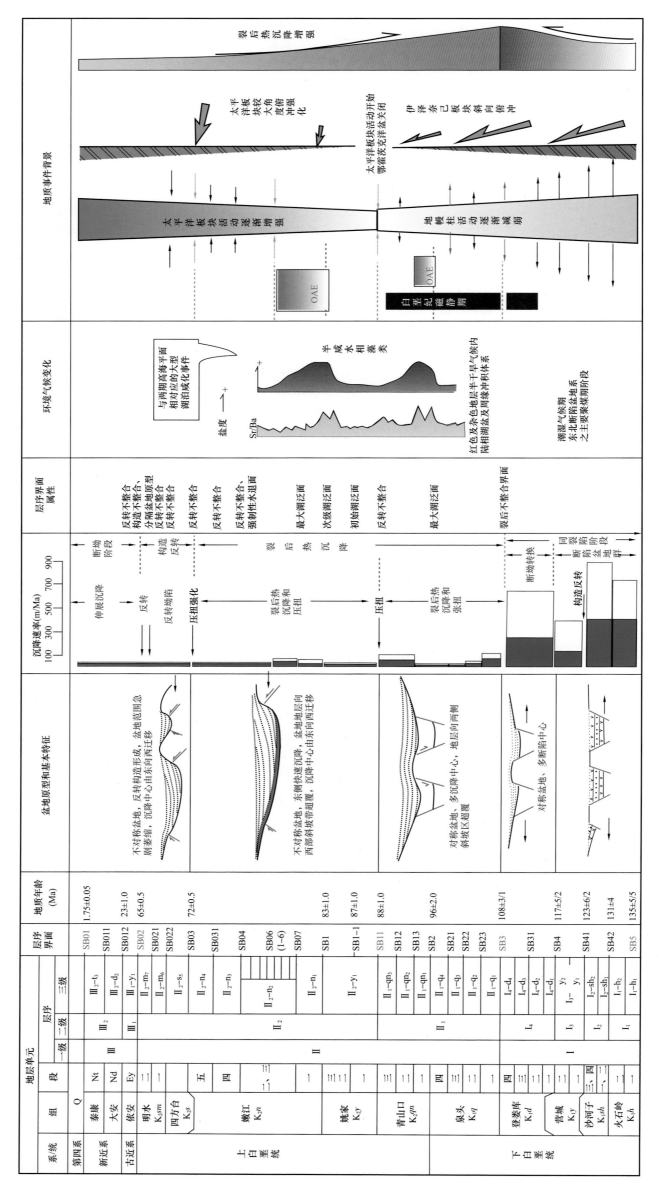

图 1.1　松辽盆地构造演化机制地质综合柱状图（据 Feng et al., 2010）

东部断轴方向，坳陷及沉积中心逐渐向西迁移，导致湖盆规模逐渐收缩。到了四方台组沉积时期及明水组沉积时期，太平洋板块的挤压作用异常强烈，使盆地东部差异性抬升并发生褶皱，最终形成古中央隆起及其以东地区上升为陆地，盆地形成了 T_{02} 和 T_{03} 两大不整合界面，成为进入构造反转阶段的重要标志。

新生代断坳阶段的新生界分布范围局限，古近系依安组和新近系大安组及泰康组仅沿孙吴—双辽一线展布，且盆地范围依次向双辽方向不断扩大，新生代早期有强烈的火山活动。在区域上，下辽河、密山—敦化、依兰—依通地堑为新生代伸展裂谷（程三友等，2006，2011），在新生代晚期、第四系沉积层序在盆地广泛分布，并超覆于中生界之上，是热冷却坳陷作用的表现。因此在新生代，松辽盆地经历了一个新的小规模的断陷和坳陷旋回。

1.1.2.2　构造层划分

松辽盆地白垩纪以来发生的四个构造演化阶段，相应形成了四个构造层，但由于新生代断坳阶段地层残留规模较小，而且研究程度低，所以同裂陷阶段的断陷层（K_1hsl—K_1d）、裂后热沉降阶段的坳陷层（K_1q—K_2n）和构造反转阶段的反转层（K_2s—K_2m）成为松辽盆地地层的主体和研究对象。断陷层包括断陷期火石岭组、沙河子组、营城组和登娄库组，期间构造活动频繁，发育 3 个不整合面，这是庆深气田的发育层位。坳陷层包括坳陷期的泉头组、青山口组、姚家组、嫩江组一段，这套地层的沉积速率、沉积厚度和持续沉积、沉降时间最长，盆地的主要生油层、储层和盖层均发育在这套地层中，这是大庆油田的主要发育层位。反转层包括四方台组、明水组、古近系、新近系、第四系，这一时期是松辽盆地的反转期及构造定型期，明水组、古近系、新近系之间的两期区域不整合所代表的构造运动致使松辽盆地构造定型。

1.1.2.3　构造单元划分

松辽盆地构造单元分布图如图 1.2 所示，松辽盆地构造单元划分表见表 1.1。

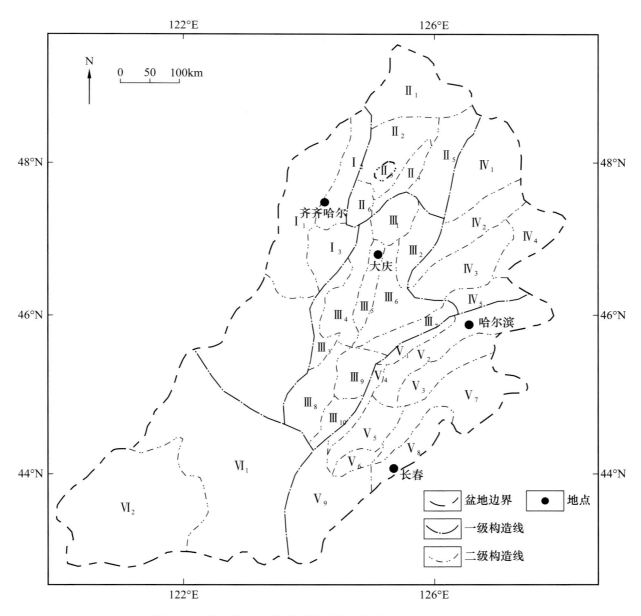

图 1.2　松辽盆地构造单元分布图（据 Feng et al.，2010）

表 1.1 松辽盆地构造单元划分表

一级构造	面积(km²)	二级构造	面积(km²)	局部构造(部分)
I 西部斜坡区	41982	I₁ 西部超覆带	13390	平安镇构造
		I₂ 富裕构造带	4587	拉哈鼻状构造、边屯构造、二道湾子构造、水师营鼻状构造
		I₃ 泰康隆起带	4180	汤池鼻状构造、阿拉新构造、二站鼻状构造、新发构造、一心构造、他拉红鼻状构造、小林克鼻状构造、敖古拉鼻状构造、白音诺勒构造、烟筒屯鼻状构造、马场鼻状构造、刘家窑构造、广胜鼻状构造、前后代构造、波贺岗子构造、冈亚构造
II 北部倾没区	27904	II₁ 嫩江阶地	9185	
		II₂ 依安凹陷	6700	通宽鼻状构造、三兴南构造
		II₃ 三兴背斜带	512	三兴构造新屯构造、二中构造、二中西构造
		II₄ 克山—依龙背斜带	2427	克山构造、宝泉构造、依龙构造、林甸构造
		II₅ 乾元构造带	7050	大河鼻状构造、乾元构造、拜泉鼻状构造
		II₆ 乌裕尔凹陷	2030	三合堡鼻状构造、三合堡东鼻状构造、王梳屯构造、林甸西构造
III 中央坳陷区	39265	III₁ 黑鱼泡凹陷	3410	通达构造、新村十一号构造、林甸南鼻状构造
				胜利鼻状构造、李家围子构造
		III₂ 明水阶地	3555	双兴构造、中和鼻状构造、劳动构造
				十八家户鼻状构造、东风鼻状构造
		III₃ 龙虎泡—大安阶地	3055	龙虎泡构造、英台构造、红岗子构造、大安构造
		III₄ 齐家—古龙凹陷	5687	向前构造、霍地房子鼻状构造、新村构造
				喇西鼻状构造、萨西鼻状构造、杏西鼻状构造
				高西鼻状构造、葡西鼻状构造、小庙子构造
		III₅ 大庆长垣	2472	喇嘛甸构造、萨尔图构造、杏树岗构造、高台子构造
				太平屯构造、葡萄花构造、敖包塔构造
		III₆ 三肇凹陷	5775	升平构造、宋芳屯构造、榆树林构造
				模范屯鼻状构造、永乐构造
		III₇ 朝阳沟阶地	3156	对青山构造、太平川构造、四站构造、朝阳沟构造
				大榆树鼻状构造、薄荷台鼻状构造、裕民状构造
				肇源鼻状构造、头台鼻状构造
		III₈ 长岭凹陷	6712	乾安构造、大情字井构造、黑帝庙构造
		III₉ 扶余隆起	3595	四克吉构造、富裕三号构造、木头鼻状构造
				白棱花鼻状构、造孤店构造、孤店西构造、大坨子构造
		III₁₀ 双坨子阶地	1848	大老爷府构造、双坨子构造
IV 东北隆起区	31566	IV₁ 海伦隆起带	9300	北安构造、宁泉镇构造
		IV₂ 绥棱背斜带	6922	望奎构造、任民镇构造、宋站构造
		IV₃ 绥化凹陷	7762	隆盛合构造、永安构造、尚家鼻状构造
		IV₄ 庆安隆起	4837	
		IV₅ 呼兰隆起带	2745	团山子构造、呼兰鼻状构造
V 东南隆起区	52192	V₁ 长春岭背斜带	1605	五站构造、三站构造、长春岭构造、扶余二号构造
		V₂ 宾县—王府凹陷	9375	太平庄构造、大三井子构造、小城子构造
		V₃ 青山口隆起带	5372	朱尔山构造、兰棱构造、青山口构造
		V₄ 登娄库背斜带	1875	扶余一号构造、登娄库构造、伏龙泉构造、顾家店构造
		V₅ 钓鱼台隆起带	4228	三盛玉构造、农安西构造、万金塔构造
				农安构造、钓鱼台构造
		V₆ 杨大城子背斜带	1505	怀德构造、杨大城子构造
		V₇ 榆树—德惠凹陷	10419	
		V₈ 九台阶地	4526	大房身构造、小合隆构造
		V₉ 怀德—梨树凹陷	13287	
VI 西南隆起区	62408	VI₁ 伽马吐隆起带	37658	金山西鼻状构造、金山鼻状构造、保康鼻状构造
				前七号鼻状构造、茂林鼻状构造、新安镇构造
				新安北鼻状构造
		VI₂ 开鲁凹陷	24750	舍伯图鼻状构造、巨兴构造、乌兰花构造
总计	255317			

4

1.1.2.3.1　坳陷层构造单元划分

松辽盆地坳陷层构造面貌以宽缓褶皱构成正向构造和负向构造相间排列的总体格局，各构造带总体走向为北东向或北北东向延伸，是盆地坳陷期沉积作用和反转期构造变形的综合表现。根据各构造的带的发育特征及行业标准，将松辽盆地坳陷层划分为6个一级构造单元、35个二级构造单元及众多的局部次级构造。主要产油气区为中央坳陷区的大庆长垣、齐家—古龙凹陷、三肇凹陷和朝阳沟阶地等。

松辽盆地内的区域隆起、坳陷为盆地的一级构造单元，它们组成了盆地地质构造的基本格架。6个一级构造单元包括：中央坳陷区、西部斜坡区、北部倾没区、东北隆起区、东南隆起区和西南隆起区。

中央坳陷区位于盆地中部，在盆地沉降过程中长期处于沉降和沉积中心，为继承性坳陷，包括黑鱼泡凹陷、明水阶地、龙虎泡—红岗阶地、齐家—古龙凹陷、大庆长垣、三肇凹陷和朝阳沟阶地等二级构造单元；地层发育齐全，白垩系—新近系沉积岩厚度达7000~10000m，发育有多套生—储—盖组合，成藏条件好，是盆地中最重要的油气源区和油气田分布区。东北隆起区位于盆地东北部，基岩起伏大，埋藏深度为500~3000m，包括海伦隆起带、绥棱背斜带、绥化凹陷、庆安隆起带和呼兰隆起带等二级构造单元；地层发育不全，上白垩统基本缺失，北到绥棱、海伦一带青山口组及姚家组直接超覆于基岩之上。东南隆起区位于盆地东南部，包括长春岭背斜带、宾县—王府凹陷、青山口背斜、梨树—德惠凹陷、杨大城子背斜、钓鱼岛隆起、登娄库背斜和怀德—梨树凹陷等二级构造单元；断裂发育，基岩起伏较大，埋藏深度500~3000m，地层发育不全，上白垩统缺失。西南隆起区位于盆地西南部，包括伽马吐隆起和开鲁凹陷两个二级构造单元，基岩埋藏浅，深度250~1000m，白垩纪为一隆起区，没有登娄库组，泉头组、青山口组分布范围不广，厚度较小，姚家组超覆于基岩之上。西部斜坡区位于盆地西部，呈区域性大单斜，倾角1°左右，构造平缓，断层不发育；基底岩性以海西期花岗岩为主，局部地区有上古生界和前古生界变质岩，埋深为2000~2500m，白垩系自东而西逐层超覆，总厚度1000~1500m。北部倾没区位于盆地北部，包括嫩江阶地、依安凹陷、三兴背斜带、克山依龙背斜带、乾元背斜带和乌裕尔凹陷等二级构造单元；基岩埋藏深度为100~3100m，其形态为南北向近方形，与隆起区相似。盖层构造呈北北东—北东向，二级构造隆凹相间，且向西南延伸，倾没于中央坳陷区。

二级构造单元是指发育在一级构造背景上、面积较大的盖层褶皱构造，是若干个具有共同发展史、相同成因联系和地质结构的局部构造总和。松辽盆地内二级构造单元划分为正向和负向两种类型，正向构造带有长垣、背斜带、隆起带、阶地。负向构造带即凹陷。大庆长垣是呈长条形的较大型背斜隆起，由一系列局部构造组成，并为同一等高线所圈闭，长达数十千米至百余千米以上，隆起幅度为数十米至数百米，是十分有利的油气聚集带；背斜带是具成因联系的、方向明显的长轴背斜与短轴背斜组成，在形态上与长垣相似，但不为同一等高线所圈闭，盆地内共划出7个背斜带，即克山—依龙背斜带、三兴背斜带、乾元背斜带、绥棱背斜带、长春岭背斜带、登娄库背斜带、杨大城子背斜带；隆起带是指在区域性隆起上发育的有成因联系的局部构造，这些构造多呈穹隆或短轴背斜，但方向性不明显，盆地划分出8个隆起带，即海伦隆起带、庆安隆起带、呼兰隆起带、泰康隆起带、扶余隆起带、青山口隆起带、钓鱼台隆起带、伽马吐隆起带；构造阶地位于坳陷区与隆起区过渡地带，或盆地边缘地带平缓的构造台阶，其上发育的构造，方向性不明显，盆地划分出6个阶地，即嫩江阶地、龙虎泡—大安阶地、明水阶地、朝阳沟阶地、双坨子阶地、九台阶地；凹陷是二级负向构造单元，一般形成较大的向斜构造，并通常是盆地发育过程中的沉降中心，它可以由1个或2个以上的向斜组成。盆地内共划分出10个凹陷，即齐家—古龙凹陷、长岭凹陷、三肇凹陷、绥化凹陷、黑鱼泡凹陷、乌裕尔凹陷、依安凹陷、宾县—王府凹陷、榆树—德惠凹陷、开鲁凹陷。

1.1.2.3.2　断陷层构造单元划分

松辽盆地断陷层总体呈中隆侧坳、隆坳相间特点，表现为早期分隔断陷，晚期联合形成北北东向断陷带，具有明显的东西成带、南北分段的构造格局。松辽盆地北部断陷层划分为五个一级构造单元和20个二级构造（表1.2）。松辽盆地断陷层构造单元划分如图1.3所示。

表 1.2　松辽盆地北部断陷层构造单元划分表

一级构造	面积（km²）	二级构造	面积（km²）	平均埋深（m）	断陷期地层厚度（m）		
					最小	一般	最大
西部斜坡带	5115	梅里斯断陷	2547	−1100	100	400	900
		宝山断陷	790	−500	200	400	700
		富裕断陷	749	−1400	100	400	1000
		林甸断陷	1029	−2900	200	800	1600
西部隆起带	302	依安西断陷	302	−2700	100	300	500
中部断陷带	7026	依安中断陷	483	−2400	100	300	500
		依安东断陷	812	−2500	100	250	400
		黑鱼泡断陷	2087	−3200	200	900	2300
		小林克断陷	270	−2300	100	500	800
		古龙断陷	3374	−5700	100	1200	2900
中部隆起带	2767	中和断陷	484	−1800	300	700	1300
		北安断陷	2283	−700	100	700	2100
东部断陷带	12871	莺山断陷	1661	−3100	300	1100	2300
		双城断陷	980	−2600	300	800	1400
		徐家围子断陷	3079	−3900	300	1200	2200
		任民镇断陷	678	−1400	100	400	1400
		兰西断陷	1156	−1000	300	600	800
		呼兰北断陷	1036	−1000	200	700	1200
		绥化断陷	3523	−1300	400	600	900
		兴华断陷	758	−700	200	300	500

注：断陷面积、埋深以 T_4^1 顶面数据统计。

一级构造单元划分五个，包括西部斜坡带、西部隆起带、中部断陷带、中部隆起带、东部断陷带，整体构造呈北北东向（表 1.2）。西部断陷带包括梅里斯断陷、富裕断陷、宝山断陷等多个断陷，以箕状断陷为主，断陷规模普遍较小，地层发育不完整，沉积厚度薄，存在明显的沉积间断；西部隆起带包括依安西断陷，断陷结构以箕状断陷为主，隆起区为早期形成，且形成后一直处于不断抬升状态；中部断陷带以分割发育的箕状断陷为主，包括古龙断陷、依安断陷等，南部古龙断陷规模大，埋藏深，地层发育完整；东部断陷带以不对称双断结构和复式箕状为主，包括徐家围子断陷、莺山—双城断陷、绥化断陷等 6 个断陷；中部隆起带与西部隆起区共同分割了三个断陷区，中部隆起区包括中和断陷、北安断陷，以箕状断陷为主，隆起区为早期形成，形成后一直处于不断抬升状态，发育断陷数量少。松辽盆地北部断陷层二级构造单元是指发育在一级构造背景上的面积较大的 20 个断陷。规模较大的断陷包括徐家围子断陷、莺山断陷、双城断陷、绥化断陷、古龙断陷、林甸断陷、黑鱼泡断陷、梅里斯断陷和北安断陷等，断陷期地层厚度一般在 800m 以上，最大厚度在 2000m 以上（大庆油气区编纂委员会，2021）。

1.1.3　地层与沉积特征

松辽盆地地层综合柱状图如图 1.4 所示。

1.1.3.1　古生界

古生界岩性主要为未变质岩、近变质岩、浅变质岩到高级变质岩，常见绢云母、绿泥石片岩、石英片岩、绿泥石千枚岩、糜棱岩，以及大量的泥岩、砂岩、石灰岩和火成岩等。黑龙江省岩石地层（黑龙江省地质矿产局，1997）将松辽盆地古生界划归兴安地层区、乌兰浩特—哈尔滨地层分区，自下而上发育下石炭统洪湖吐河组、下二叠统大石寨组、中二叠统哲斯组和上二叠统林西组。近年来，吉林大学在松辽盆地及周边地区做了大量的区域地质调查与油气地质综合研究工作，提出了"佳—蒙"地块概念（是北由蒙古鄂霍茨克缝合带、南由西拉木伦河

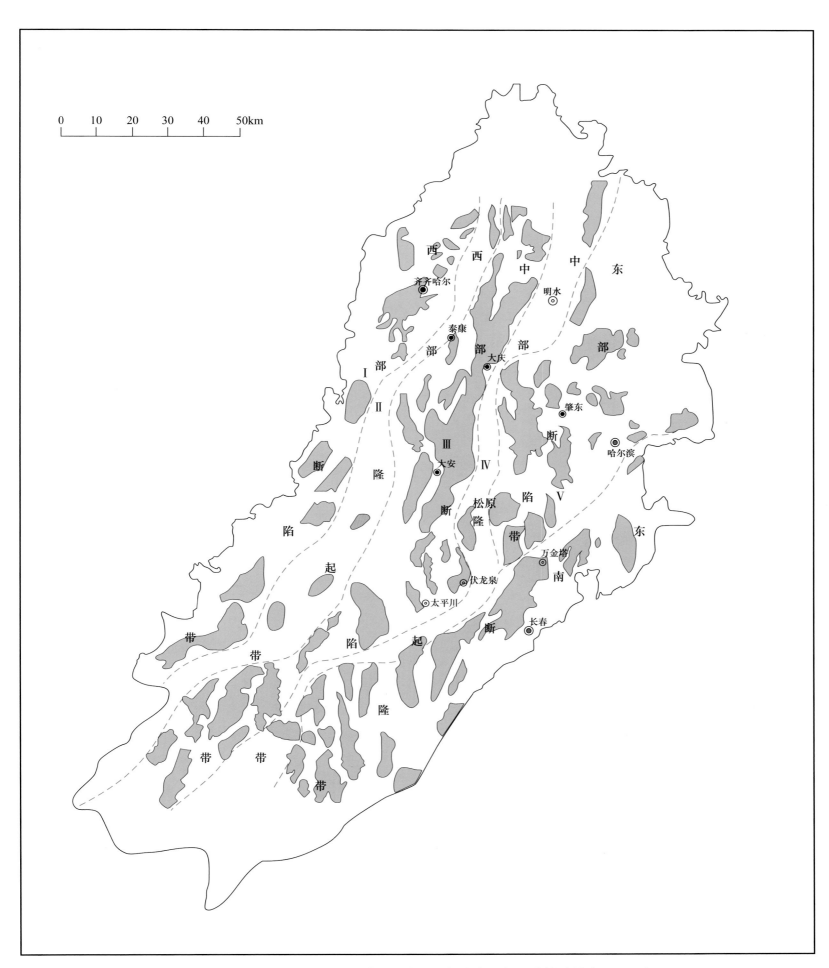

图 1.3　松辽盆地断陷层构造单元划分图（据大庆油气区编纂委员会，2021）

延吉缝合带、东由中锡霍特俯冲带所围限的一个晚古生代稳定的大地构造单元），认为松辽盆地主要发育石炭系—二叠系，自下而上发育色日巴彦敖包组、本巴图组、阿木山组、寿山沟组、大石寨组、哲斯组、林西组等（王成文等，2008）。

松辽盆地覆盖区发育典型的二叠系，上二叠统林西组分布最为广泛（莽东鸿等，1980；章凤奇等，2008；吴福元等，2000；裴福萍等，2006）。松辽盆地内有将近200口钻井钻遇林西组，但绝大部分钻井揭示厚度较薄，一般不超过200m。从钻井分析，松辽盆地内林西组沉积岩主要分布在滨北地区东部，向南延伸至呼兰、四站—朝阳沟及双城地区，岩性由泥岩、粉砂岩、砂砾岩及泥质板岩等构成，颜色以黑灰色、黑色为主，岩石成岩作用较强，普遍坚硬致密（郭胜哲等，2012；贾大成等，1994）。此外，林西组还广泛发育千枚岩、片岩、片麻岩等变质岩类，以及闪长岩、花岗闪长岩与安山岩、凝灰岩等岩浆岩类（高福红等，2007），整体构成了二叠系林西组复杂多样的地层岩石面貌。可见，现今松辽盆地内的林西组与野外露头岩石构成存在一定差异，究其原因是松辽盆地古生代以来持续发生的多期岩浆作用及区域构造转换事件，导致原始沉积的林西组大规模褶皱变形与抬升剥蚀，并伴随多期不同规模的岩浆侵入事件，最终造成林西组岩性复杂、地层产状变化大及岩石变质现象（朱德丰等，2003）。

1.1.3.2　中生界

松辽盆地主要发育中生界白垩系，沉积厚度近万米，自下而上分为十个组，依次为火石岭组、沙河子组、营城组、登娄库组、泉头组、青山口组、姚家组、嫩江组、四方台组和明水组。松辽盆地内白垩系产有丰富的介形类、叶肢介、双壳类、腹足类、轮藻、沟鞭藻、孢粉、植物等20多个门类生物化石，分别归属热河生物群、松花江生物群和明水生物群，它们具有完全不同的生物组合面貌和不同的岩—电组合特征（杨万里等，1985；黄清华等，2009，2011；万佳彪等，2014；司伟民等，2010；荆夏，2011；席党鹏等，2010）。

1.1.3.2.1　火石岭组

火石岭组底界面对应的地震反射轴为T_5，顶界面地震反射轴T_4^2，地层厚度0~1010m。根据松辽盆地北部北安断陷北参1井的井筒资料，可将火石岭组细分为火石岭组一段、火石岭组二段，火石岭组一段为巨厚层灰色砂砾岩、砾岩夹紫红色、灰色泥岩，偶夹紫红色凝灰岩；火石岭组二段为绿色、灰绿色、灰黑色安山岩、安山玄武岩、安山质角砾岩，凝灰岩夹紫红色、紫灰色泥岩与紫灰色砂岩等。火石岭组产少量植物和孢粉化石，植物化石有 *Nilssonia sinensis*、*Elatocladus manchurica*、*Baiera* cf. *furcata* 等；孢粉有 *Cicatricosisporites*、*Aequitriradites*、*Klukisporites* 等。

1.1.3.2.2　沙河子组

沙河子组底界面对应的地震反射轴为T_4^2，顶界面对应地震反射轴T_4^1，地层厚度0~815m。传统的沙河子组据岩性分为四段，沙河子组一段俗称凝灰岩段，沙河子组二段称为含煤砂泥岩段，沙河子组三段为泥岩段，沙河子组四段为粉砂岩段，松辽盆地北部探井揭示的岩性与传统的沙河子组划分有一定的差别，更多地表现为沉积组合的变化和生物化石组合差异化（王衡鉴等，1981；朱德丰等，2003）。沙河子组产有介形类、叶肢介、双壳类、藻类和孢粉等多门类古生物化石，介形类化石主要有 *Cypridea unicostata*、*Limnocypridea abscondida* 等，计有6属13种以上；叶肢介有 *Eoestheria persculpta*；双壳类有 *Ferganoconcha subcentralis*、*Ferganoconcha* cf. *sibirica*；藻类化石有 *Vesperopsis granulata*、*Australisphaera cruciata*；孢粉化石 *Cicatricosisporites* 在沙河子组下部常见，沙河子组上部含量丰富。

1.1.3.2.3　营城组

营城组底界面对应的地震反射轴为T_4^1，顶界面对应地震反射轴T_4，地层厚度0~960m。营城组岩性构成具有明显的二元性，下部以沉积岩为主，区域上可相变为火山岩，上部以火山喷发岩为主，夹沉积岩，区域上可相变为沉积岩（蔡东梅等，2010；冯子辉等，2015，2016）。大多数研究者采用营城组二分方案，而当前油田勘探生产部署采用营城组四分方案，这里涉及对营城组中同时异相沉积的认知问题、安达宋站地区火山岩与徐家围子断陷火山岩横向对比及对区域上营城组火山岩之上登娄库组砂泥岩之下的杂色砂砾岩的归属与认知问题。当前大庆油田采用的营城组四分方案，营城组一段为灰白色、灰绿色流纹岩，安山岩，英安岩，凝灰岩、火山角砾

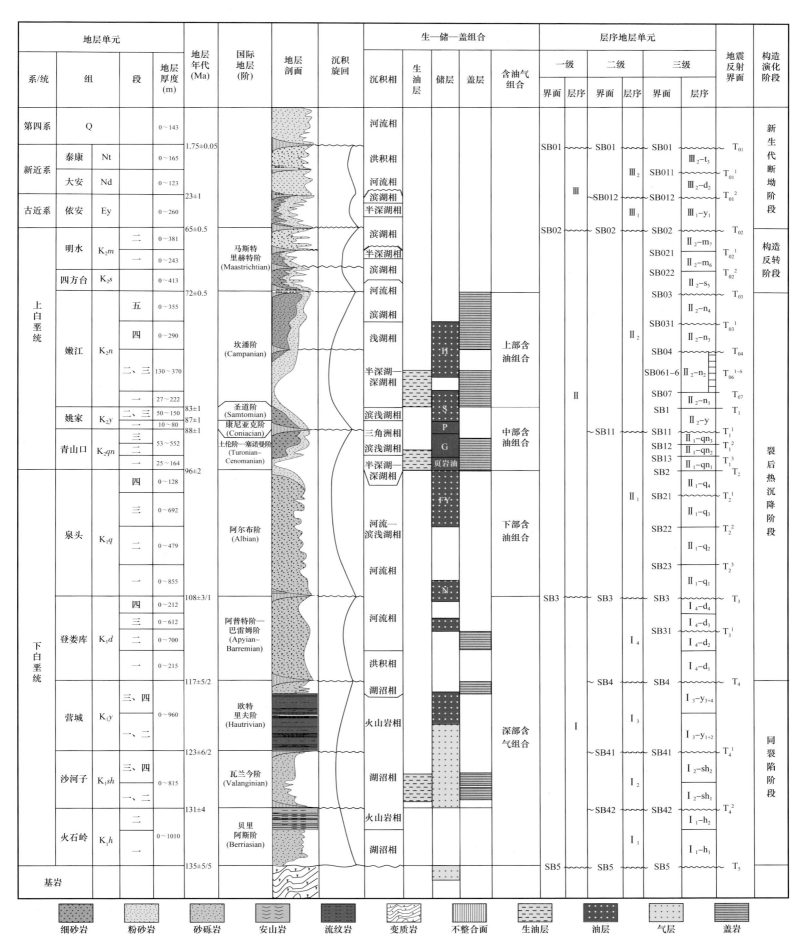

图 1.4　松辽盆地地层综合柱状图（据侯启军等，2009；Feng et al.，2010，有修改）

岩，夹灰色砂岩、砂砾岩和泥岩。营城组二段为灰黑色、灰色砂砾岩、砂岩、泥岩，含可采煤层。营城组三段为灰色、紫色安山岩、安山玄武岩、玄武岩、凝灰岩和火山角砾岩，偶夹砂岩与灰黑色泥岩。营城组四段为灰色砂砾岩、砂岩，与灰黑色、灰色泥岩、泥质粉砂岩。营城组火山岩锆石 U–Pb 法所获得的营城组火山岩同位素年龄大都集中在 118—106Ma 之间，主峰年龄值为 112Ma，次峰年龄值为 118Ma。植物化石有 *Coniopteris burejensis*、*Acanthopteris gothani*、*Ruffordia goepperti*、*Elatocladus manchurica* 等；叶肢介化石有 *Cratostracus* sp.、*Migransia jilinensis*、*Zhestheropsis elongata*、*Z. dongbeiensis* 等（杨树源等，1986；杨学林等，1981；叶得泉等，2002；贾军诗等，2007）。

1.1.3.2.4　登娄库组

登娄库组底界面对应的地震反射轴为 T_4，顶界面对应地震反射轴 T_3，地层厚度 0~1720m。登娄库组首先发现于吉林省前郭旗尔罗斯蒙古自治县东南 5km 的登娄库构造上的松基二井中，1965 年在松基六井获全剖面。登娄库组覆于营城组之上，呈不整合接触，或超覆于其他更老的地层之上。自下而上分四段，登娄库组一段为砂砾岩段，主要由杂色砂砾岩组成，夹灰白色砂岩和灰黑色、紫褐色泥岩（高瑞祺等，1994）。孢粉化石见有 *Clavatipollenites*、*Tricolpollenites*、*Gothanipollis* 等具有重要时代意义的被子植物花粉（高瑞祺，1982）；登娄库组二段为暗色泥岩段，主要为灰黑、灰绿色、紫红色泥质岩与灰白色厚层细砂岩呈不等厚互层。被子植物花粉零星见有 *Clavatipollenites* 和 *Triporopollenites* 等（高瑞祺等，1992，1999）；登娄库组三段为块状砂岩段，岩性为灰白、灰绿色块状细砂岩、中砂岩与灰黑色、灰褐色及暗紫红色泥质岩呈略等厚互层，最大厚度为 612m。产轮藻化石 *Atopochara trivolvis trivolvis*、*Aclistochara bransoni*、*Hornichara changlingensis* 等；孢粉化石见有 *Clavatipollenites*（高瑞祺等，1999）；登娄库组四段为过渡岩性段，岩性为灰白色、绿灰色及少量紫灰色厚层状细砂岩与褐红色、灰褐色泥质岩组成不等厚互层，电阻率曲线呈现上部和下部低、中部高的"山"字形，可作为地层划分对比的辅助标志。见少量 *Vesperopsis zhaodongensis*、*Orthestheria zhangchunlingensis* 等化石。

1.1.3.2.5　泉头组

泉头组底界面对应的地震反射轴为 T_4，顶界面对应地震反射轴 T_3，地层厚度 0~1720m。按照地层接触关系、岩性、古生物和沉积特征，可以划分为四段。泉头组一段厚度 0~855m，沉积范围要比下伏登娄库组明显扩大，为一套辫状河、曲流河相，岩性为紫灰色、灰白色、绿灰色中厚层砂岩与暗紫红色砂质泥岩、泥岩互层。轮藻化石有 *Amblyochara elliptica*，孢粉化石 *Schizaeoisporites*、*Classopollis* 等含量较高，出现早期被子植物花粉 *Tricolpollenites*、*Retitricolpites* 和 *Polyporopollenites* 等（高瑞祺等，1992，1999）；泉二段厚度 0~479m，紫褐色、褐红色泥岩、粉砂质泥岩为主，夹紫灰色、灰白色砂岩。叶肢介 *Orthestheriopsis songliaoensis*，被子植物化石 *Viburnum* cf. *marginlum*、*Tilia* cf. *jacksoniana*、*Platanus septentrionalis*、*Protophyllum undulatum*、*Viburniphyllum serrulatum* 等。发育曲流河和辫状河沉积；泉头组三段厚度 0~692m，灰绿色、紫灰色粉砂岩、细砂岩与紫红色及少量灰绿色、黑灰色泥质岩呈不等厚互层，上部距顶 120m 左右有一"U"形低阻段，由 3~4m 厚的纯黑色泥岩形成，在三肇、长垣东部地区稳定分布，可作为地层划分对比辅助标志（朱筱敏等，2012）。介形类有 *Mongolianella chaoyangouensis*、*Djungarica lunata* 等，叶肢介有 *Orthestheriopsis*、*Orthestheria*（叶得泉等，1998，2002），双壳类有 *Plicatounio*（*P.*）cf. *mutiplicatus*、*Brachydontes* cf. *songliaoensis*，轮藻有 *Atopochara restricta*、*Euaclistochara mundula* 等，藻类有 *Perticiella*、*Nyktericysta*、*Operculodinium* 等（高瑞祺等，1992）。沉积相以河流相和三角洲相为主，是杨大城子油层及扶余油层发育的有利层位；泉头组四段厚度 0~128m，灰绿色、灰白色粉砂岩、细砂岩与棕红色、紫红色泥岩、砂质泥岩组成正韵律层，顶部泥岩常为灰绿色，局部地区可相变为黑色。介形类有 *Cypridea subtuberculisperga*、*Rhinocypris quantouensis* 等（叶得泉等，2002），叶肢介有 *Orthestheria zhangchunlingensis*，轮藻有 *Amblyochara quantouensis*、*Maedlerisphaera raricostata*，孢粉化石 *Quantonenpollenite*、*Complexiopollis* 等（高瑞祺等，1999）。沉积相带以河流相、三角洲相及滨浅湖相为主（刘朋元等，2015；贾军诗等，2006；蒙启安等，2014）。

1.1.3.2.6　青山口组

青山口组底界面对应的地震反射轴为 T_2，顶界面对应的地震反射轴为 T_1^1，地层厚度 0~716m。青山口组在盆地中心与泉头组为连续过渡沉积，且自下而上构成一个粒度由细变粗的反旋回。盆地内青山口组厚度变化较大，一般为300~500m，最厚可达639.5m，最薄处仅有数十米。除开鲁坳陷区至今未见确切的青山口组外，在盆地内其他地区均有广泛分布，但在绥棱、富拉尔基、泰来、白城至太平川一带，青山口组底部不全，其上部直接超覆于前白垩系之上。中央坳陷区齐家—古龙凹陷和三肇凹陷青山口组一段和青山口组二段下部是优质烃源岩和页岩油发育的有利层位。根据岩性组合及生物群特征，可将青山口组划分为三段。

青山口组一段在盆地中部以半深湖—深湖相沉积体系发育，沉积面积达 $5 \times 10^4 km^2$，地层厚度25~164m，是松辽盆地第一次大规模湖泛期形成的湖相地层，底部10~30m厚的暗色页岩夹3层油页岩为区域地层划分对比一级标志层。中央坳陷区以黑色、灰黑色泥页岩为主，夹薄层泥质白云岩和生物灰岩（崔宝文等，2021），向盆地周边变为灰黑色、灰绿色泥岩和砂岩互层，一般厚60~135m。泥页岩富含介形类、藻类、鱼类及孢粉等化石（万重芳等，1987；黄福堂等，1999；曹瀚升等，2016；高有峰等，2010），介形类化石在局部地带可成层出现，介形类化石有 *Triangulicypris torsuosus*、*Cypridea adumbrata* 等，叶肢介化石有 *Dictyestheria prima*、*Nemestheria lineata*，藻类化石有 *Kiokansium declinatun*、*Kiokansium regulatun*、*Dinogymniopsis spinulosa*（高瑞祺等，1992），孢粉化石有 *Myrtaceidites*、*Gothanipollis* 等，鱼类化石主要有 *Sungarichthys longicephalus*、*Jilingichthys rapax Chow*。青山口组一段沉积时期气候温暖湿润，以淡水—微咸水相沉积环境为主，存在短暂干旱气候，东部地区和东南部地区咸水相沉积环境，不少学者认为青一段发生过海侵事件（高有峰等，2010；陈瑞君，1980；侯读杰等，1999；霍秋立等，2010；席党鹏等，2009），目前青山口组一段是古龙页岩油勘探开发的重点层位（王玉华等，2020；金志成等，2020；付晓飞等，2020；冯子辉等，2020；霍秋立等，2020；崔宝立等，2020；林铁锋等，2020；付秀丽等，2020）。

青山口组二段、青山口组三段厚度53~552m，岩性为灰黑色、灰绿色泥岩夹薄层灰色含钙及钙质粉砂岩和介形虫层，局部夹鲕粒灰岩及白云岩层。介形类有 *Cypridea dekhoinensis*、*Lycopterocypris grandis*、*Sunliavia tumida*、*Kaitunia andaensis* 等；叶肢介 *Cratostracus merus*、*Nemestheria qingshankouensis* 等（叶得泉等，2002）；双壳类 *Nakamuranaia cf. chingshanensis*、*Martinsonella paucisulcata*、*Plicatounio*（*P.*）*equiplicatus* 等；藻类 *Granodiscus*、*Filisphaeridium* 等；孢粉 *Beaupreaidites*、*Balmeisporites* 等出现。鱼类化石主要有 *Sungarichthys longicephalus*、*Jilingichthys rapax Chow* 及 *Hama macrostoma Chow*。青山口组二段、青山口组三段水体逐渐变浅，沉积相带由湖相逐渐向三角洲相过渡，三角洲沉积体系沉积范围逐渐变大，向南延伸到齐家及长垣北地区，中央坳陷区大范围内仍然被半深湖—深湖相所覆盖（付秀丽等，2014a，2014b；林铁锋等，2014），沉积面积达 $3.5 \times 10^4 km^2$。青山口组二段沉积物粒度整体较青山口组一段明显变粗，在盆地中部为灰黑色泥岩夹粉砂岩、介形虫岩，在盆地东部及东南部则为紫红色泥岩与土黄色砂岩互层，盆地西部和西北部为灰白色砂岩、粉砂岩夹杂色泥岩和介形虫灰岩，在盆地边缘地区可见砂砾岩（黄薇等，2009；Meng et al.，2016）。

1.1.3.2.7 姚家组

姚家组底界面对应的地震反射轴为 T_1^1，顶界面对应的地震反射轴为 T_1，地层厚度60~230m，自下而上可分为三段。姚家组一段厚度10~80m，岩性为灰绿色、紫灰色泥岩与绿灰色、灰白色砂岩互层，呈正韵律层。姚家组一段沉积时期主要发育河流相及三角洲相（赵翰卿，1987；侯启军等，2009；叶得泉等，1990；Feng et al.，2007，2009，2011），与下伏青山口组在坳陷中部为整合接触，北部和东部地区为假整合接触，西部地区超覆于前白垩系之上。盆地隆起部位，姚家组一段底部发育不全，边部缺失，与青山口组成微角状交切，为假整合接触。该段厚度变化较大，一般为40~60m，最大厚度80m左右。暗色泥岩不发育，生物化石稀少，介形类化石有 *Cypridea exornata*、*C. dongfangensis*、*Mongolocypris infidelis* 等，叶肢介有 *Dictyestheria* sp.、轮藻有 *Aclistochara songliaoensis*、*Songliaochara heilongjiangensis* 等（高瑞祺等，1994），孢粉重要分子有 *Aquilapollenites* 等出现。

姚家组二段、姚家组三段厚度50~150m，以三角洲相为主，区域上岩性变化较大，盆地中部为灰黑色泥岩夹薄层油页岩、灰绿色泥岩、灰白色粉砂岩；东南部为棕红色泥岩夹灰绿色泥岩；西北部为灰白色、灰绿色砂岩、粉砂岩与棕红色泥岩间互层；盆地边缘相变为厚层砂岩、砾岩，砂岩多具斜层理。厚度一般为17~140m，最厚达150m。介形类化石有 *Cypridea favosa*、*C. dorsoangula* 等，叶肢介有 *Nemestheria furcata*、*Dictyestheria grandis*、*Liolimnadia hongangziensis* 等，轮藻有 *Obtuochara niaoheensis*、*Songliaochara heilongjiangensis* 等，鱼类 *Plesiolycoptera daqingensis* 等，孢粉 *Callistopollenites*、*Talisiipites* 等出现。

1.1.3.2.8　嫩江组

嫩江组底界面对应的地震反射轴为 T_{01}，顶界面对应的地震反射轴为 T_{03}，地层厚度 60~1300m。分为五段，各段之间均为连续沉积。嫩江组一段顶界面对应的地震反射轴为 T_{07}，地层厚度 27~222m，发育半深湖—深湖相及大型三角洲相，岩性为灰黑色、深灰色泥岩夹灰绿色砂质泥岩、粉砂岩，下部夹劣质油页岩（李罡等，2004），是松辽盆地白垩系生油、储油的重要层系。介形类有 *Cypridea anonyma*、*C. gunsulinensis*、*Advenocypris definita* 等；叶肢介有 *Plectestheria arguta*、*Halysestheria qinggangensis* 等（叶得泉等，2002；李罡等，2004），藻类有 *Dinogymniopsis minor*、*Cleistospharidium nenjiangense* 等，孢粉重要分子 *Proteacidites Songliaopollis* 等出现。

嫩江组二段、姚家组三段顶界面对应的地震反射轴为 T_{04}，地层厚度 130~370m。底部厚 5~15m 的油页岩在全盆地分布稳定，是区域性地层划分对比标志层，发育东部物源大型三角洲和湖相沉积体系，在三角洲前缘及湖相区有滑塌扇发育（张顺等，2012），岩性灰黑色泥岩，灰色、灰白色泥质砂岩与砂岩，具有从东向西不断前积的地层结构，以及自下而上由细到粗的反旋回韵律特征（蒙启安等，2013a）。介形类有 *Periacanthella portentosa*、*Ilyocyprimorpha netchaevae*、*Bicorniella bicornigera* 等；叶肢介有 *Estherites mitsuishii*、*Glyptostracus rarus* 等（叶得泉等，2002）；双壳类有 *Musculus manchuricus*、*M. subrotundus*、*Fulpioides orientalis* 等；藻类有 *Dinogymniopsis minor*、*Cleistosphaeridium nenjiangense* 等。

嫩江组四段厚度 0~290m，岩性为灰绿色、灰白色砂岩、粉砂岩与灰绿色泥岩呈间互层，上部夹紫红色、棕红色泥岩，下部夹灰黑色、灰色泥岩。介形类化石有 *Talicypridea augusta*、*Daqingella bellia*、*Rinocypris prodigiosa* 等（叶得泉等，2002），双壳类有 *Musculus subrotundus*、*Brachidontes sinensis*、*Fulpioides huaideensis* 等，藻类有 *Kesperopsis bifurcata*、*Balmula spinosa* 等，轮藻有 *Obtuochara niaoheensis*、*Mesochara fuyuensis* 等（高瑞祺等，1992）。嫩江组四段岩性明显变粗，岩石颜色变浅，三肇和古龙地区本段厚度最大。

嫩江组五段顶界面对应的地震反射轴为 T_{03}，地层厚度 0~355m。岩性为灰绿色、棕红色泥岩夹灰绿色、灰白色砂岩、粉砂岩。发育小型淡水湖泊及河流相，沉积范围变小，在盆地中部保存较全，边缘地区多被剥蚀。介形类化石有 *Talicypridea ranaformis*、*T. elevata*、*Mongolocypris magna* 等（叶得泉等，2002），被子植物有 *Trapa angulata* 等。

1.1.3.2.9　四方台组

四方台组厚度 0~413m，介于 T_{03} 及 T_{02}^2 地震反射轴之间，岩性主要由砖红色、紫灰色砂泥岩与棕灰色、灰绿色砂岩、粉砂岩和泥质粉砂岩，与下伏嫩江组呈不整合接触（高瑞祺等，1994）。四方台组主要分布于松辽盆地的中部和西部，盆地东部局部地区如绥化地区也有分布，沉积中心大体在黑帝庙—乾安一带，厚度一般为 200~400m，向两侧厚度变薄。四方台组河流相比较发育，湖泊范围小，水体浅，是自嫩江组沉积末期构造运动后的盆地再次小规模的坳陷时期，包括了早期沿着盆地长轴方向发育的河流相泛滥平原，中期发育沿着盆地长轴方向展布的高建设性三角洲体系，到晚期湖水深度增加，湖相泥岩广泛分布。介形类有 *Talicypridea amoena*、*Mongolocypris gigantea*、*Cypridea cavernosa*、*C. tuberculorostrata*、*C. triangula* 等（叶得泉等，2002），双壳类有 *Plicatounio* aff. *naktongensis*、*Lanceolaria* sp. 等，腹足类有 *Truncatella maxima*、*Viviparus grangeri* 等，轮藻有 *Neochara primordialis*、*Sinochara praecursoria* 等（高瑞祺等，1992）。

1.1.3.2.10　明水组

明水组介于 T_{02}^2 及 T_{02} 地震反射轴之间，地层厚度 0~624m。随着南东向北西挤压进一步增强，盆地东部进一步抬升，导致东部物源进一步加强，湖盆内辫状河—辫状河三角洲发育，湖盆多呈北北东向局限展布。随着湖盆淤积的加剧，松辽盆地北部冲泛平原占绝对优势，一系列小型湖泊呈"串珠状"分布于古龙凹陷。该时期河流流向为东西两侧向盆地内的相对流动。地层自下而上可分成两段，明水组一段由灰绿色砂岩、泥质砂岩与两层灰黑色泥岩组成两个旋回，夹少量棕红色泥岩，两层黑色泥岩为全盆地区域地层划分对比标志层。松辽盆地北部和南部岩性组成差别较大，北部地层薄，两个正旋回清楚，黑色泥岩纯而厚（15~40m），化石丰富，下部为砂岩，底部常见砾岩；南部地层厚，以灰绿色泥质岩为主，夹棕红色、灰绿色砂岩，其中部和顶部黑色泥岩薄（2~9m），两个正旋回模糊。明水组一段湖泊最为发育，形成两套稳定的区域泥岩盖层。介形类化石有 *Talicypridea amoena*、*Renicypris bullata*、*C. myriotuberculata*、*Cyclocypris calculaformis* 等（叶得泉等，2002），双壳类有 *Pseudohyria gobiensis*，叶肢介有 *Daxingestheria datongensis*、*D. distincta* 等（叶得泉等，2002），轮藻有 *Atopochara ulanensis*、*Latochara dongbeiensis* 等。明水组二段厚度一般为200m左右，最大厚度超过380m，总体表现为南厚（350m左右）北薄（多小于100m）现象，沉积中心大体位于中央坳陷区长岭附近一带。由灰色、灰绿色、杂色砂岩及灰绿色、紫红色泥岩组成，顶部有一层砖红色块状泥岩，分布稳定，可作为区域性辅助标志层。湖水变浅，湖泊面积进一步减少，逐渐由滨浅湖向河流相转化。介形类化石有 *Cypridea cavernosa*、*Talicypridea amoena*、*Mongolocypris gigantea* 等（叶得泉等，2002），双壳类有 *Pseudohyria gobiensis*、*Sphaerium rectiglobosum* 等，腹足类有 *Valvata sungariana*、*Physa kuhuensis* 等，轮藻有 *Hornichara prolixa*、*Neochara taikangensis* 等。

1.1.3.3 新生界

松辽盆地白垩系之上主要被古近系、新近系和第四系覆盖，西部斜坡区新近纪发现孢粉组合，在北部倾没区的北部，东北隆起区的北部、东部，东南隆起区的东部、南部及西南隆起区的大部分地区，被第四系直接覆盖，由于新生界研究程度较低，本书不做详述。

1.1.4 烃源岩特征

松辽盆地发育多套烃源岩，古生界以二叠系为主；中生界以白垩系为主，从下到上分别为断陷层的沙河子组、营城组四段，坳陷层的青山口组和嫩江组。

1.1.4.1 古生界烃源岩

松辽盆地古生界整体勘探程度不高，烃源岩主要是二叠系的大石寨组、哲斯组及林西组，分布面积较广，东部比西部厚。林西组相对研究程度较好，在盆内及周边地区约有200口井钻遇，沉积环境以湖相为主，烃源岩干酪根以 II 型为主，少量 III 型，TOC 含量0.35%~3.47%，平均值为1.2%，评价为较好烃源岩，镜质组反射率 R_o 分布范围为2.06%~7.6%，平均值4.49%，烃源岩演化多处于高成熟阶段和过成熟阶段（高瑞祺等，1997；林学燕，1990）。

1.1.4.2 中生界白垩系断陷层烃源岩

中生界白垩系断陷层烃源岩分为泥质烃源岩和煤系烃源岩，主要发育在沙河子组及营城组四段各断陷（高瑞祺等，1997；冯子辉等，2011b），发育规模由各断陷的类型和大小所决定。比如徐家围子断陷沙河子组泥质烃源岩最大厚度可达1100m，面积约为3007.06km²，莺山断陷沙河子组泥质烃源岩厚度普遍大于100m，最厚可达600m，分布面积约为920.94km²，古龙—林甸断陷沙河子组泥质烃源岩分布面积达到6525.88km²，厚度普遍大于100m，最大厚度达到900m，另外任民镇断陷、兰西断陷、中和断陷、绥化断陷沙河子组泥质烃源岩都有相当规模的发育。煤系烃源岩目前研究比较成熟的是徐家围子断陷，整个沙河子组煤层分布面积为1665.08km²，最大厚度可达50~125m。

1.1.4.3 中生界白垩系坳陷层烃源岩

松辽盆地中生界白垩系坳陷层烃源岩主要发育在青山口组一段和嫩江组一段、嫩江组二段，为泥质烃源岩。青山口组暗色泥岩主要发育在中央坳陷区的齐家—古龙凹陷、大庆长垣和三肇凹陷，总厚度一般超过300m。青山口组一段暗色泥岩厚度0~105m，平均值为34m，齐家—古龙凹陷、大庆长垣北部及朝长地区一般大于70m。青山口组二段暗色泥岩厚度0~244m，平均值为72m，齐家南—古龙凹陷、大庆长垣、三肇凹陷及朝长—王府地区，一般大于140m；青山口组三段暗色泥页岩厚度介于0~264m，平均值为69m，最厚的区域分布在齐家—古龙凹陷、大庆长垣南部及三肇凹陷，一般大于100m（霍秋立等，2012；冯子辉等，2011a，2015）。青山口组发育多层油页岩，一般见于青山口组一段的底部，层数为3~5层，单层厚度一般为0.1~1.5m。青山口组一段油页岩的厚度和分布范围较青山口组二段、青山口组三段大，青山口组一段油页岩主要分布在长垣及以东地区，尤其在三肇和朝长—王府地区发育厚度大，一般为9~14m，而青山口组二段、青山口组三段只在王府凹陷发育厚度较大，厚度9~12m，在三肇地区一般只有2~4m厚，明显小于青山口组一段。总体上，油页岩厚度分布具有从盆地东南向西北逐渐减薄的趋势（冯子辉等，2011a，2015）。

嫩江组一段、嫩江组二段暗色泥岩主要在中央凹陷区，厚度一般大于100m，最高可达290m左右，向盆地边缘暗色泥岩厚度变薄。嫩江组中也广泛发育多层的油页岩，最典型的发育于嫩江组二段底部，厚度约15m，全盆地广泛分布，既是良好的油页岩，又是地层对比的标志层，同时油页岩在嫩江组一段上部、中部、下部位置均有分布；平面上嫩江组一段油页岩厚度大于嫩江组二段，厚度较大的地区主要位于大庆长垣、古龙凹陷及三肇凹陷，一般厚度为8~12m，最厚可达31m；在西部斜坡和三肇凹陷以东地区油页岩不发育。

1.2 松辽盆地地质剖面分布概况

本书所采集到的野外地质剖面主要分布在松辽盆地东部和西部及周边山地、河流、湖泊、水库等地带侵蚀沿岸，地理位置上分布在黑龙江省、吉林省、辽宁省和内蒙古自治区（刘效良等，1992；路晓平等，2004，2005；孟清瑶等，2013；梁琛岳等，2017；林建平等，1994；刘爱等，1990；郑亚东等，1998；周勇等，1994；姚大全等，2006），合计已超过100条，松辽盆地及周边地质剖面分布图如图1.5所示；涉及寒武系、泥盆系、石炭系、二叠系、三叠系、侏罗系和白垩系，地层序列上包含了西保安组、机房沟组、卢家屯组、黄顶子组、大石寨组、哲斯组、杨家沟组、林西组、老龙头组、火石岭组、沙河子组、营城组、登娄库组、泉头组、青山口组、姚家组、嫩江组及四方台组共18个组。

古生界地质剖面分布在吉林省叶赫镇龙王屯，为寒武系西保安组，吉林省其塔木镇机房沟屯，为泥盆系机房沟组，辽宁省二台镇烟房子屯、泉头镇孙家窑及黑龙江省宾县孙家窑屯、塘坊镇老山头屯均为石炭系，二叠系地质剖面主要分布在黑龙江省龙江县济沁河乡刘家养殖场、吉林省吉林市二道沟杨家沟组、长春市九台区上河湾镇李家窑屯哲斯组及内蒙古自治区兴安盟索伦镇哲斯组、好仁村林西组、查尔森水库大石寨组及俄体村哲斯组等地区。松辽盆地东部的杨家沟组与兴安岭地区的林西组层位相当，均为上二叠统，以砾岩、黑色板岩、粉砂岩与砂岩互层为主，夹石灰岩透镜体，产较丰富的咸水、淡水双壳类化石及植物化石，为浅湖相，并伴随有陆相火山岩系。

中生界三叠系地质剖面主要分布在黑龙江省龙江县刘家窑、吉林省波泥河镇腰站村及内蒙古自治区扎赉特旗北巴彦套海地区，岩性为紫色板岩、砂砾岩夹土黄色及灰色砂岩，属于浅水扇三角洲、冲积扇及泥石流沉积，可见火山岩及侵入岩。中生界侏罗系地质剖面主要分布在吉林省四平市303国道收费站、内蒙古自治区阿荣旗霍尔奇镇及黑龙江省龙江县龙头村，岩性为橄榄玄武岩、沉积岩夹侵入岩及泥板岩夹砂岩。

中生界白垩系地质剖面分布在松辽盆地东南部和西北部，集中在吉林省、辽宁省和黑龙江省。主要有吉林省长春市九台区沙河子组、营城组及火石岭组剖面，农安县伏龙泉镇嫩江组剖面，松原市哈达山—菜园子乡姚家站嫩江组、姚家组及青山口组松花江沿江剖面，四平市石岭镇登娄库组及泉头组剖面，公主岭市青山口组、姚家组及嫩江组剖面，辽宁省昌图县泉头镇泉头组剖面，黑龙江省宾县塘坊镇—鸟河乡—民和乡青山口组、姚家组及泉头组松花江沿江剖面，绥化市四方台镇姚家组、四方台组及绥棱县嫩江组剖面。本书收集的中生界白垩系地质剖面很多是建组剖面，比如吉林省青山口乡邢家店沿江剖面是青山口组建组剖面，德惠市菜园子乡姚家站剖面是姚家组建组剖面，农安县伏龙泉镇海青朱剖面是早期嫩江组建组剖面，九台区营城站剖面是营城组建组剖面，辽宁省昌图县泉头镇五色山剖面是泉头组建组剖面；这些建组剖面的采集和录入为科研工作者了解松辽盆地地层序列建立、特别是研究其发育特点提供了原始基础信息。另外研究人员还发现了大量由于人类开路、取石等工程活动形成的新剖面，比如黑龙江省绥化市毛山屯的姚家组剖面，海伦市井家店扎音河沿岸嫩江组剖面，黑龙江省龙江县稻田村、内蒙古自治区扎赉特旗北乌兰陶海三叠系剖面，内蒙古自治区乌兰浩特查尔森水库、保门村二叠系剖面等；这些剖面的采集和录入不仅填补了老剖面老化坍塌及损毁的缺陷，还填补了部分地区、特别是松辽盆地北部和西部缺少良好地质剖面的空白。

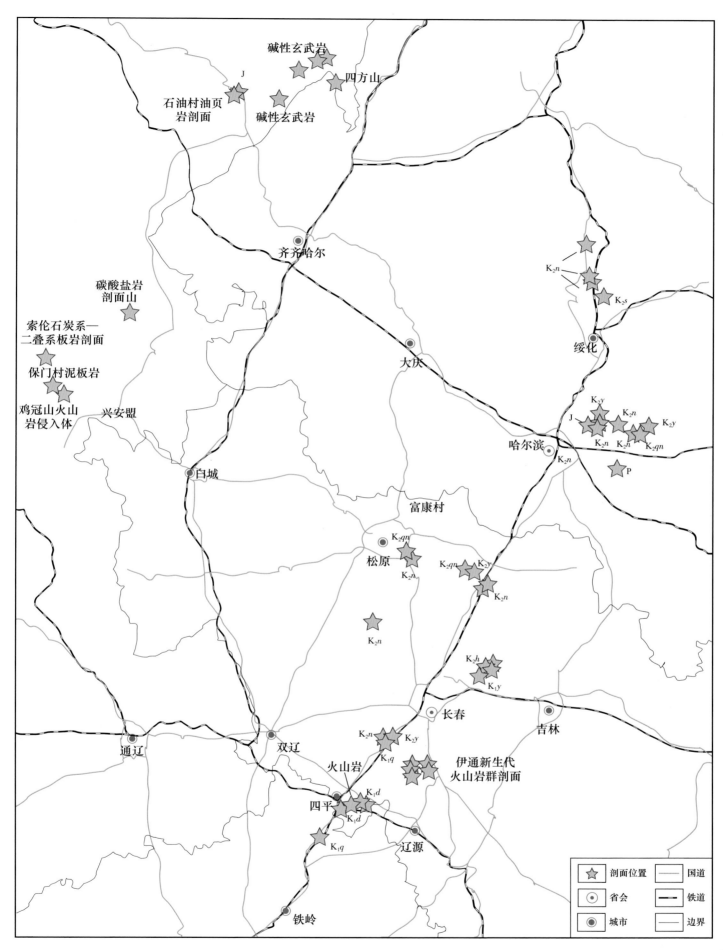

图 1.5　松辽盆地及周边地质剖面分布图

2 黑龙江省宾县地质剖面

2.1 红石村—五道沟—鸟河乡上白垩统青山口组—姚家组地质剖面

2.1.1 交通及地理位置

该地质剖面构造上位于松辽盆地东南隆起区宾县—王府凹陷，地理上位于黑龙江省宾县北部松花江河畔，剖面沿江分布在红石村、五道沟及鸟河乡（图2.1）。红石村剖面（剖面 a）位于宾县红石村附近的沿江地带，127°12′47″E，45°54′40″N，可供观察的地质剖面延伸长度约2km。五道沟剖面（剖面 b）位于宾县五道沟屯附近沿江地带，与红石村剖面首尾相接，属于青山口组二段。露头可见清晰的层理结构，泥页岩与透镜状白云岩、层状白云岩间互分布，主要有 b1、b2、b3 三条典型露头分布，延伸长度约4km。鸟河乡剖面（剖面 c）位于宾县鸟河乡政府松花江沿岸，露头沿江边连续延续，长度约3km，剖面起始坐标为127°27′55″E~127°27′25″E、45°55′2″N~45°55′10″N。出露地层为青山口组一段上部及青山口组二段下部。红石村剖面为自然形成的江岸，无人行道及车行道路，五道沟及鸟河乡剖面均为经过工程改造的自然江岸，剖面下有工程车及农用车可通行的土石路。

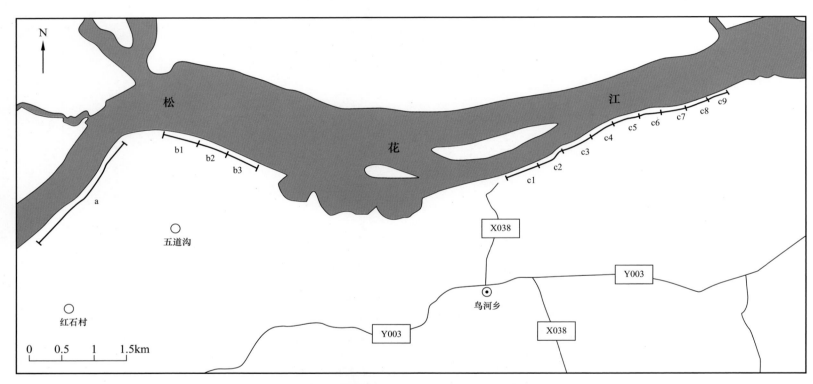

图 2.1 黑龙江省宾县红石村—五道沟—鸟河乡地质剖面地理位置图

2.1.2 实测剖面描述

宾县红石村—五道沟—鸟河乡沿江剖面，构造上位于松辽盆地东南隆起区宾县—王府凹陷，地层上属于上白垩统青山口组—姚家组。五道沟和鸟河乡剖面（剖面 b 和剖面 c）均属于青山口组湖相暗色泥页岩地层，只有红石村剖面（剖面 a）为姚家组及青山口组上部紫红色泥页岩夹薄层灰绿色泥岩及粉细砂岩交互分布的地层，在此剖面上没有发现青山口组与姚家组存在明显的岩性及构造界面，属于连续过渡的相对整合的一套地层。红石村姚家组属于浅水三角洲相，岩性以紫红色泥页岩为主，局部与灰色、灰白色钙质粉砂岩互层，紫红色泥页岩具网纹状方解石析出，部分受地表降水渗透还原成灰绿色泥岩。同时发育层状灰色泥晶云岩，生物化石不发育，地层近水平产状。微观薄片分析表明，剖面中灰白色钙质粉砂岩具有粉砂状结构，颗粒排列较松，孔隙发育差，见少量泥质分布，方解石呈嵌晶状充填孔隙并溶蚀交代碎屑颗粒。泥晶泥质云岩主要由白云石、泥质及少量粉砂组成，泥晶结构，泥晶白云石呈镶嵌状紧密排列，泥质呈团块状分布于白云石间，少量粉砂零散分布。环境分析表明红石村姚家组沉积时期气候偏干旱，处于浅水氧化环境。

五道沟屯（剖面 b）青山口组泥岩剖面属于滨浅湖相及半深湖相沉积地层，地层视倾角约 15°，岩性以黑色、灰黑色和灰色泥页岩为主，其次为层状和透镜状灰色泥质白云岩，介形虫灰岩，古生物以介形虫、叶肢介和植物碎屑、植物茎叶等为主，偶见鱼类和其他生物化石。剖面 b1 中岩性以灰白色泥岩为主，白云岩和介形虫层灰岩呈次级格架分布，其中层状泥质白云岩厚度 2~5cm，横向延伸长度较长，地层近水平层状分布，透镜状泥质白云岩纵向厚度一般 1~5cm，由于表面风化淋滤作用呈现土黄色。剖面 b2 中泥岩呈灰色和灰黑色，泥页岩厚度大，中间夹有薄层白云岩和介形虫层灰岩，其中泥质白云岩纵向厚度 2~5cm，横向上连续性好，延伸长，地层倾角约 15°，泥岩层理面上可见介形虫、叶肢介及植物碎屑发育，偶见鱼类和其他生物化石。剖面 b3 中岩性以灰色、灰黑色泥页岩为主，中间夹有黄色极薄层白云岩和介形虫层，其中层状泥质白云岩厚度 1~3cm，横向延伸长度较长，地层呈水平层状分布，透镜状泥质白云岩不发育；泥页岩层理面上偶见叶肢介等生物化石发育。

鸟河乡青山口组剖面（剖面 c）属于湖相沉积地层，主要由 9 段沿江展布的典型地质露头组成（剖面 c1~c9），出露的高度 20~35m，地层为青山口组一段上部和青山口组二段下部，实测剖面图如图 2.2 所示。自下而上沉积体系依次为深湖相和半深湖相，岩性以黑色、灰黑色和灰色泥页岩为主，其次为层状、透镜状灰色泥质白云岩、微晶白云岩。其中，泥质和微晶白云岩厚度 5~25cm，呈薄层状或透镜状白云岩顺层分布，同时还发育薄层介形虫灰岩及鲕粒灰岩，厚度 20~50cm，呈层状分布，可见 2~3 层介形虫灰岩及 2 层鲕粒灰岩。古生物化石可见丰富的介形虫、叶肢介和藻类，偶见鱼类和其他生物化石。泥页岩常微量元素分析表明，Sr/Cu 比值 13.84~26.36，Sr/Ba 比值 0.32~0.55，V/（V+Ni）为 0.78~0.79，说明沉积时期气候半温暖湿润型，水体环境为淡水—半咸水相还原沉积环境。地球化学分析结果表明，泥页岩整体成熟度（R_o）为 0.55%，有机碳含量为 0.83%~1.67%，平均值为 1.25%，S_1 含量 0.03~0.14mg/g，平均值为 0.065mg/g；S_2 含量 2.98~10.99mg/g，平均值为 5.55mg/g；T_{max} 434~441℃，平均值为 437.25℃。有机质以浮游藻类体为主，其次为腐泥无定形体和丝质体，微量镜质体和孢粉体，属于以 Ⅰ 型为主的有机质。

红石村—五道沟—鸟河乡上白垩统青山口组—姚家组地质剖面上的典型剖面、地质现象及岩性的相关图片如图 2.2 至图 2.44 所示。

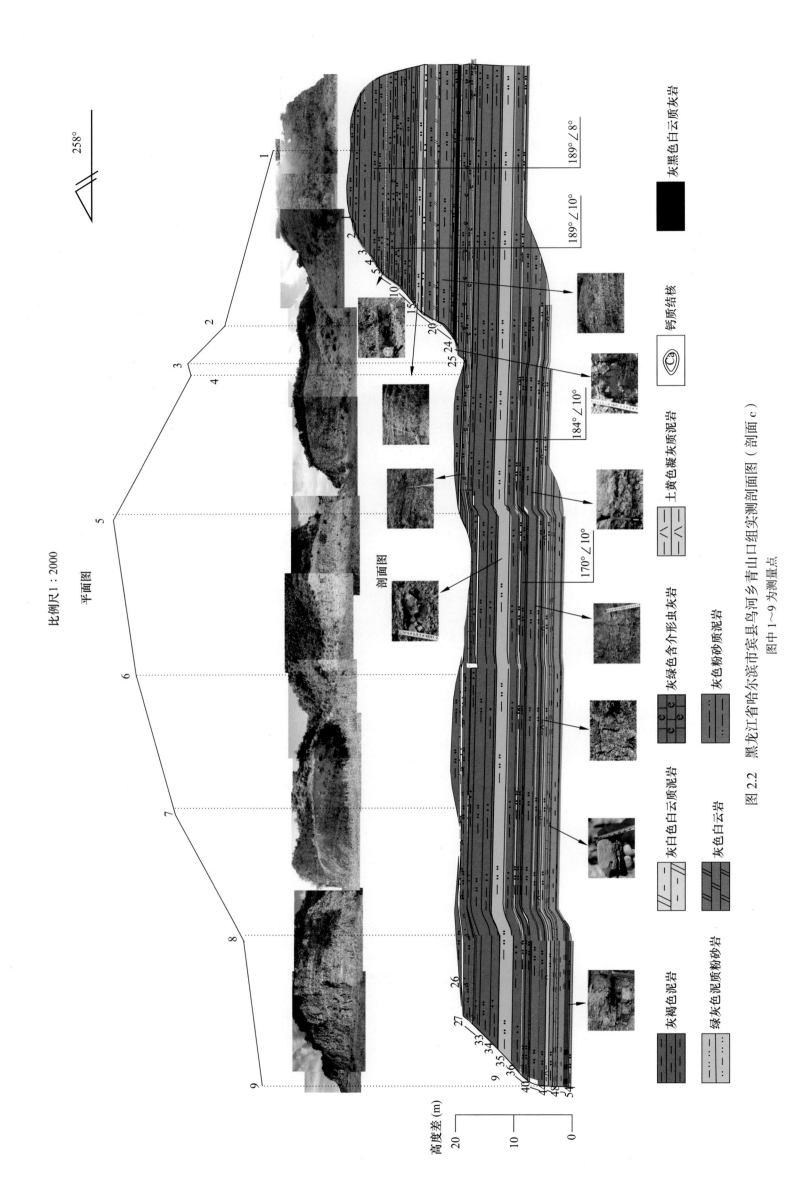

平面图

比例尺 1：2000

258°

剖面图

高度差（m）

20

10

0

图例说明：

灰黑色白云质灰岩

钙质结核

土黄色凝灰质泥岩

灰绿色含介形虫灰岩

灰色粉砂质泥岩

灰白色白云质泥岩

灰色白云岩

灰褐色泥岩

绿灰色泥质粉砂岩

图 2.2 黑龙江省哈尔滨市宾县乌河乡青山口组实测剖面图（剖面 c）

图中 1～9 为测量点

18

SW →

图 2.3　沿江分布的上白垩青山口组三段，岩性以含钙质团块及方解石充填的网纹状紫红色泥岩为主，剖面 a 左段

SW →

图 2.4 上白垩统姚家组，整体以紫红色泥岩页岩为主，局部夹青灰色，灰白色钙质粉砂岩，局部发育泥晶泥质云岩，紫红色泥岩宏观具水平层理，内部破网纹状方解石充填，部分紫红色泥岩受地表降水渗透还原成灰绿色泥岩，该剖面属于浅水三角洲沉积环境，位于黑龙江省宾县红石村，剖面 a 右段，地层倾角 3°～5°，右视图

图 2.5　下部厚层紫色泥页岩，风化后呈鳞片状脱落，中部紫红色泥页岩夹灰色钙质粉砂岩条带，上部浅黄色钙质粉细砂岩呈薄层状展布，下部粉砂岩向左先于上部粉细砂岩尖灭，粒度也较上部砂岩略细，呈现三角洲向左进积的反旋回特征，剖面 a 右段局部

21

图 2.6　紫红色泥页岩与灰色及灰白色钙质砂岩互层，砂岩由下部的条带状向上演变为厚层状，砂岩粒度也由粉砂变为细砂，下部地层以泥页岩为主，上部地层以砂岩为主，整体呈现三角洲进积的反旋回特征，剖面 a 右段局部

图 2.7　紫红色泥页岩被方解石沿网纹状裂隙充填，后期地表水下渗将紫色泥页岩还原成灰色泥岩，使地层呈现斑驳的杂色，剖面 a 右段局部

图 2.8 灰色钙质粉砂岩，发育斜层理　　　　　　　图 2.9 泥晶泥质云岩

图 2.10 灰色钙质粉砂岩镜下照片（左为单偏光，右为正交光）

钙质粉砂岩：粉砂状结构，颗粒排列较松，孔隙发育差，见少量泥质分布，方解石呈嵌晶状充填孔隙并溶蚀交代碎屑颗粒

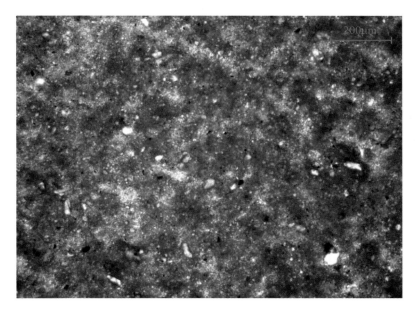 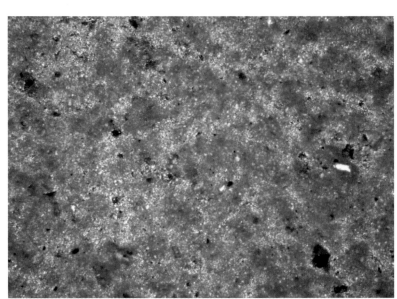

图 2.11 泥晶泥质云岩镜下照片（左为单偏光，右为正交光）

泥晶泥质云岩：岩石主要由白云石、泥质及少量粉砂组成，泥晶结构，泥晶白云石呈镶嵌状紧密排列，泥质呈团块状分布于白云石间，少量粉砂零散分布

NW →

图 2.12　上白垩统青山口组，岩性以灰色、灰黑色泥页岩为主，中间夹有黄色极薄层白云岩和介形虫层，厚度为 5～10cm，横向延伸较稳定，下部"黏糕层"发育不好，只隐约可识别，位于黑龙江省安达县五道沟村，剖面 b1，右视图

24

NS →

图 2.13 上白垩统青山口组，岩性以灰色泥岩为主，白云岩和介形虫层呈薄互层分布，单层厚度 5～15cm，横向延伸稳定，地层倾角约为 25°，透镜状泥质白云岩纵向厚度一般为 1～5cm，呈离散状沿层分布，与薄层状白云岩形成"黏糕"状结构，称为"黏糕层"，厚度约为 2m，位于黑龙江省宾县五道沟村，剖面 b2，正视图

图 2.14 介形虫层与白云岩、页岩呈薄互层状结构，单层厚度为 5～15cm，地层倾角 25°，下部发育"黏糕层"，剖面 b2 局部，本图为图 2.13 黄框处

图 2.15　上白垩统青山口组，岩性以黑灰色、灰色泥页岩为主，夹薄层状和透镜状灰色泥质白云岩及介形虫灰岩，下部发育"翻糕层"，位于黑龙江省宾县五道沟村，剖面 b3，左视图

27

图 2.16　上白垩统青山口组二段，岩性以黑色、灰黑色和暗灰色泥质页岩为主，夹层状、透镜状灰色泥质白云岩、微晶白云岩及介屑灰岩。剖面底部发育多层呈薄层状或透镜状顺层展布的白云岩，单层厚度 5~25cm，总体呈现"黏糕"状地层结构，称为"黏糕层"。剖面可见密集发育的垂直张节理，部分剖面被风化土遮盖，位于黑龙江省宾县鸟河乡，剖面 c1，剖面 c1，右视图

SW →

28

SW →

图 2.17　上白垩统青山口组二段，岩性以黑色、灰黑色和暗灰色泥质页岩岩为主，夹层状、透镜状灰色泥质白云岩、微晶白云岩及含介形虫灰岩。剖面下部发育多层薄层状或透镜状顺层展布的白云岩，单层厚度 5~25cm，总体呈现"状地层结构，称为"黏糕层"状地层结构。剖面可见密集发育的垂直张节理，位于黑龙江省宾县鸟河乡，剖面 c2，左视图

29

含硅质介壳灰岩

透镜状白云岩

SSE

SW

图 2.18 上白垩统青山口组二段，岩性以灰色及灰绿色泥质页岩为主，夹约厚 15cm 的土黄色含碳硅石介屑灰岩及泥质白云岩，地层向南东方向倾斜，视倾角 13°，水平层理理发育，位于黑龙江省肇县乌河乡，剖面 c3，正视图

SW

含碳泥岩介壳页岩

图 2.19 上白垩统青山口组二段，岩性灰绿色厚层泥页岩为主，夹一层约 15cm 的土黄色含碳硅石介屑灰岩，水平层理发育，并顺层稳定分布，位于黑龙江省宾县乌河乡，剖面 c4，正视图

31

NE ← | → SSW

白云岩层

嵌着的砾粒砂岩

嵌着的砾粒灰岩

图 2.20　上白垩统青山口组二段，剖面表面被风化淋滤较严重，大部分被雨水润湿。整体岩性以湖相灰绿色及灰色泥质页岩为主，水平层理发育。底部可见一层厚约 10cm 的泥质白云岩层，上部可见一薄层含碳硅石介屑灰岩。位于黑龙江省宾县鸟河乡，剖面 c5，正视图

32

NE ← → SSW

图 2.21 上白垩统青山口组二段，整体为湖相厚层暗色泥页岩，水平层理发育。底部夹有 4 层厚 5～10cm 的土黄色泥质白云岩，横向分布稳定，上部发育一层含碳硅石介屑灰岩，位于黑龙江省安县乌河乡，剖面 c6，正视图

NE ——→ SSW

图 2.22 上白垩统青山口组二段，整体为湖相厚层暗色泥页岩，水平层理发育。底部夹有 4 层厚 5～10cm 的土黄色泥质白云岩，横向分布稳定。上部发育一层含碳硅石介屑灰岩，岩层垂直沿节理垮塌，出露光滑的节理面，位于黑龙江省龙江县鸟河乡，剖面 c7，正视图

34

EW ←——→ SW

透镜状白云岩

灰黑状白云岩

图2.23 上白垩统青山口组二段，整体为湖相相厚层灰绿色泥页岩，水平层理发育。底部夹顺层离散分布厚5～10cm 的土黄色透镜状泥质白云岩，此处地层为青山口组二段，位于黑龙江省宴安县鸟河乡，剖面 c8，正视图

含碳硅质介屑灰岩

NE → SSW → SW

图 2.24 上白垩统青山口组二段。整体为暗色泥页岩夹白云岩及介屑灰岩，水平层理发育。下部暗色泥页岩与白云岩及含碳硅质介屑灰岩互层，上部暗色泥页岩夹两层白云岩，顶部被第四系灰绿色，杂色风化堆积物覆盖。位于黑龙江省肇东县乌河乡，剖面 c9，正视图

图 2.25　介形虫灰岩顶部钙质粉砂岩发育的浪成波痕，波长约 10cm，波高约 2cm，属于浅水沉积环境

图 2.26　介形虫灰岩夹泥质条带，泥质条带具波状层理及斜层理

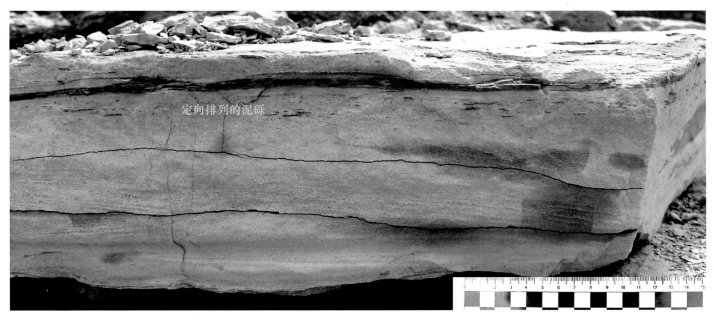

图 2.27　介形虫灰岩夹泥质条带及泥砾，泥质条带具波状层理及斜层理

图 2.28　层状白云岩与灰色泥页岩呈互层分布，白云岩单层厚度 2~5cm，断面风化后呈土黄色，断面发育密集的垂直张节理

图 2.29　沿层断续分布的透镜状白云岩、层状白云岩在页岩层中形成互层状类似"黏糕层"状的地层结构，称为"黏糕层"

图 2.30　沿层断续分布的透镜状白云岩、层状白云岩和泥砾层在页岩层中形成互层状类似"黏糕层"状的地层结构，称为"黏糕层"

图 2.31　眼球状白云岩结核，长轴约 10cm，平行于页岩层面分布

图 2.32　叠加状压扁泥砾，外部黄棕色及紫色物质为富硅铝铁矿物，氧化后呈土黄色及锈红色，内部核心为富凝灰质泥砾

图 2.33　叠加状压扁泥砾，外部黄棕色物质为富硅铝铁矿物，氧化后呈锈红色，内部物质为富硅铁矿物，核心为泥质

图 2.34　"串珠"状压扁泥砾，外部黄棕色物质为富硅铝铁矿物，氧化后呈锈红色，内部物质为富硅铁矿物，核心为泥质

(a) 泥砾内核遇雨水后变为灰黑色，常量元素分析表明泥砾内核主要成分为SiO_2（占比62.58%）、Fe_2O_3（占比12.92%）、Al_2O_3（占比10.93%）和K_2O（占比3.02%），泥砾外壳主要成分为SiO_2（占比60.72%）、Al_2O_3（占比11.29%）、Fe_2O_3（占比6.13%）和CaO（占比4.13%）

(b) 泥砾内核新鲜断面为灰白色，微量元素分析表明主要为Ba、As、Sr、Zr、Mo和Nb；泥砾外壳富Al，微量元素主要为Ba、Sr、Zr、As、Rb等

(c) 透镜状、"串珠"状泥砾，其核部为长条形富硅铁矿物，外壳为富硅铝矿物，氧化后呈黄棕色

图2.35 泥砾不同形态及成分分析

灰色页岩层理面上炭化的植物碎屑

含碳硅石介屑泥晶灰岩

介形虫灰岩

鲕粒灰岩

图 2.36　宾县青山口组剖面层理面含有物、石灰岩

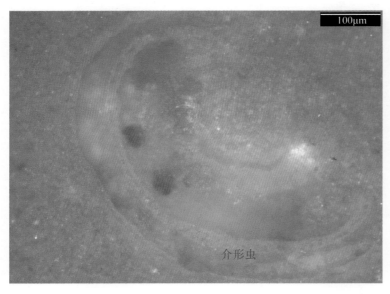

介形虫

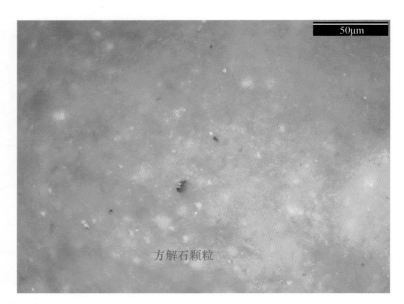

方解石颗粒

图 2.37　含碳硅石及介形虫介屑泥晶灰岩镜下微观照片

方解石 76%，石英 9%，黏土矿物 9%，斜长石 3%，方沸石 2%，钾长石 1%

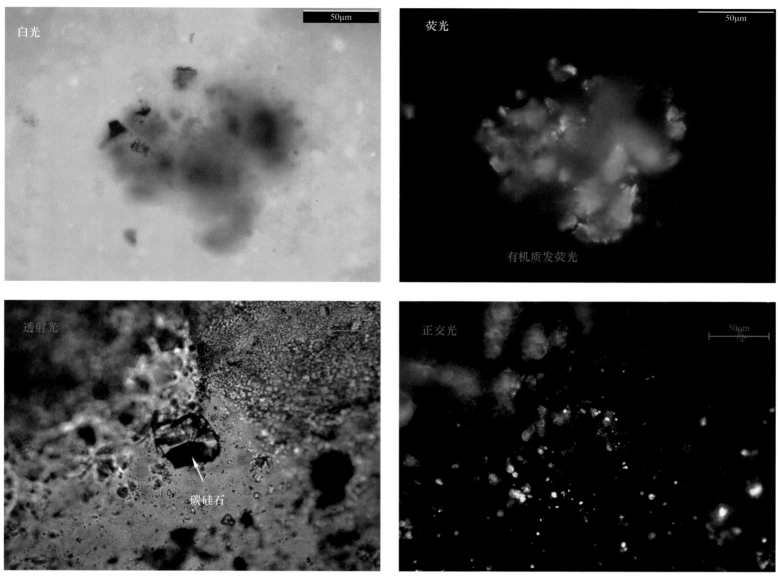

白光

50μm

荧光

50μm

有机质发荧光

透射光

碳硅石

正交光

50μm

图 2.38　不同光下的含碳硅石及介形虫介屑泥晶灰岩镜下微观照片

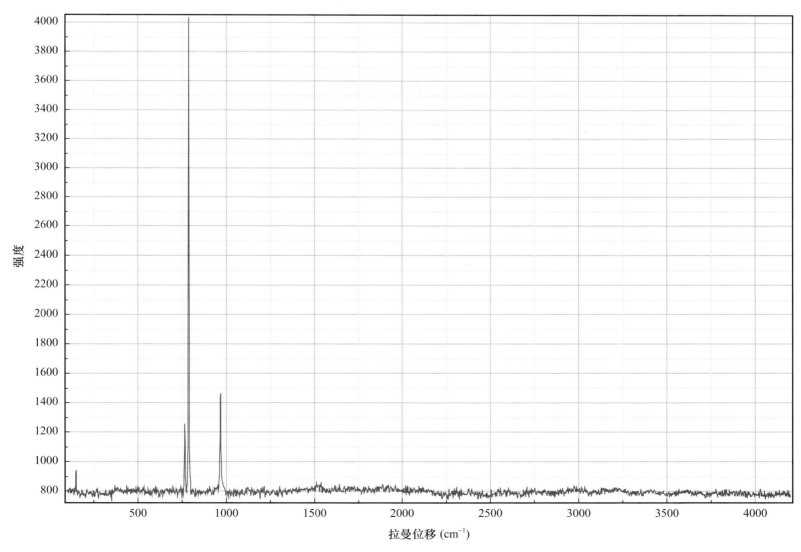

图 2.39　介屑泥晶灰岩中所含碳硅石拉曼光谱分析，可见典型碳硅石谱峰

 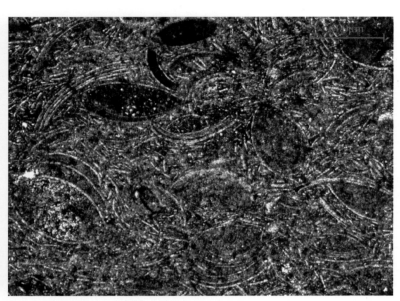

图 2.40　黑龙江省宾县鸟河乡青山口组二段泥晶介屑灰岩微观照片（左为单偏光，右为正交光）

泥晶介屑灰岩，岩石主要由方解石、少量粉砂、泥质、铁质及白云石组成。颗粒主要为介形虫及介屑，见少量生物碎片，少量铁质分布于介屑内，颗粒间多为泥晶方解石、少量黏土质、粉晶白云石充填，粉砂零散分布于颗粒间

图 2.41　黑龙江省宾县鸟河乡青山口组二段暗灰色泥岩微观照片（左为单偏光，右为正交光）

泥岩，岩石主要由泥质组成，泥质具重结晶，见少量粉砂、介屑，泥晶碳酸盐零星分布

图 2.42　振荡波痕，凸出的波峰残留，波谷由于厚度薄而剥落，露出下部土黄色介屑层

图 2.43　泥页岩顶部发育的对称波痕，下部泥页岩层发育白云岩结核，长轴平行于层面

图 2.44 灰色及灰绿色页岩与介屑灰岩及方解石脉呈互层层状分布，介屑灰岩页理发育，泥页岩呈团块状，页理不发育

2.2 糖坊镇上白垩统青山口组地质剖面

2.2.1 交通及地理位置

该剖面构造上位于松辽盆地东南隆起区宾县—王府凹陷，地理上属于黑龙江省宾县糖坊镇，沿松花江南岸延伸约3.5km，出露地层为青山口组，大部分为自然江岸，但由于自然坍塌及植被覆盖，只有四号、大庆市第三医院疗养院旧址及塘坊采石场这三个人工开采的建筑土石矿山可观察性较好（图2.45）。地表为大面积农田，近江岸地带为山林覆盖，有乡村公路通达岸边，岸下有土石路可供农用车及工程车通行。四号剖面坐标为：127°3′46″E、46°1′33″N，大庆市第三医院疗养院旧址坐标为：127°5′12.2″E、46°1′24.7″N，塘坊采石场坐标为：127°6′34″E、46°1′14″N。

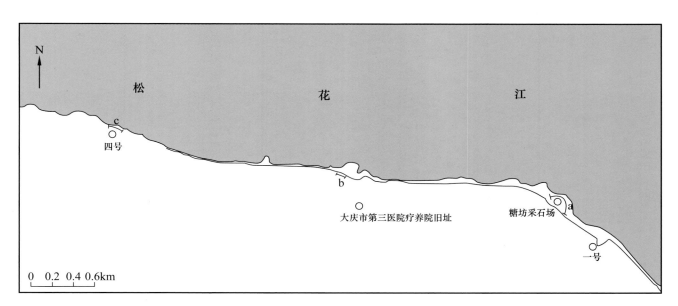

图 2.45　黑龙江省宾县糖坊镇上白垩统青山口组地质剖面地理位置图

2.2.2 实测剖面描述

糖坊镇采石场剖面（剖面a）、大庆市第三医院疗养院旧址剖面（剖面b）均为沿江采石矿山，四号剖面（剖面c）为自然江岸及人工开山复合露头。该套剖面均为上白垩统青山口组，其中糖坊镇采石场及大庆市第三医院疗养院旧址剖面为青山口组二段，岩性主要灰绿色泥页岩夹多层白云岩结核及介形虫层，富含介形虫化石及方解石纹层。灰绿色泥页岩多形成网纹状方解石脉，白云岩结核呈透镜状及眼球状，沿地层横向稳定分布，单层厚度10~20cm，介形虫层出现频率较低，单层厚度较薄，一般在10~15cm，横向延伸不稳定。整体上此处出露的青山口组二段属于浅湖相，大量的方解石、白云岩及丰富的介形虫化石说明处于半咸水蒸发环境。上覆浅黄色流纹岩及界面处发育辉绿岩侵入体说明后期发生过剧烈的构造活动，导致地层强烈变形，局部发生扭曲甚至倒转。

四号剖面（剖面c）属于自然江岸及人工开山复合露头，层位上属于青山口组二段、三段。下部的青山口组二段与糖坊镇采石场剖面（剖面a）、大庆市第三医院疗养院旧址剖面（剖面b）具有相同的岩性特征，网纹状灰绿色泥页中富含方解石脉，页岩夹沿层分布的白云岩透镜体呈凸凹接触，形成层状分布的地层，单层厚度在15~30cm。地层产状有很大不同，均呈高角度倾斜状，倾角约75°，没有发生扭曲或倒转。上部的青山口组三段与青山口组二段在岩性上发生了很大变化，发育紫红色泥岩夹灰色钙质粉细砂岩，属于演化环境下浅水三角洲沉积，与青山口组二段的区别在于岩性及沉积环境的变化，即从含白云岩的灰色泥页岩演变到了含砂岩的紫色泥岩，从浅湖相演变到了浅水三角洲相，从还原环境过渡到了氧化环境。地层倾角也略有变化，从75°减小到70°。

该套剖面在糖坊镇采石场及大庆市第三医院疗养院旧址处有专家认为是嫩江组，在四号紫色泥岩处认为是姚家组，但本次对地层进行详细的考察后认为均为青山口组，因为该套剖面虽然延伸较长，但出露地层总厚度不超过50m，属于顺着走向延伸。而且50m的地层属于青山口组二段和青山口组三段过渡部分，与盆地内朝阳沟及长春岭一带地层具有可对比性，但是本次未做测年，只是从地层、岩性、环境及与盆内地层对比方面进行了研究。

糖坊镇上白垩统青山口组地质剖面上的典型剖面及岩性的相关图片如图2.46至图2.57所示。

图 2.46 右端为上白垩统青山口组二段灰绿色泥岩向下渐变为含白云岩结核的暗色页岩，浅湖相沉积环境。左端为青灰色辉绿岩及土黄色流纹岩，岩性界面清晰。辉绿岩及流纹岩属于在青山口组沉积之后晚期火山活动及侵入的火成岩盖层，位于黑龙江省宾县糖坊镇采石场，剖面 a 左段，正视图

NS →

流纹岩

灰绿岩

介形虫灰岩

生物扰动构造

青山口组二段泥岩夹层

岩性界面

图 2.47　上白垩统青山口组二段泥页岩与流纹岩及辉绿岩界面，页岩中发育密集的白云岩结核，位于黑龙江省宾县糖坊镇采石场，剖面 a 右段，右视图

49

图 2.48　透镜状白云岩顺层呈"串珠"状分布，含介形虫暗色页岩被方解石沿网纹状裂缝充填，剖面 a 局部

白云岩结核　　　　　　　　　　　白云岩发育垂直裂缝

介形虫层，个体完整，呈颗粒状　　　　钙质胶结的介形虫层，介形虫悬浮于基质中

图 2.49　白云岩结核及介形虫层局部放大

图 2.50　上白垩统青山口组二段灰绿色、青灰色泥页岩夹顺层分布的透镜状白云岩层，下部页岩被方解石沿网纹状裂缝充填，浅湖相沉积环境，位于黑龙江省宾县糖坊镇第三医院，剖面 b，正视图

图 2.51　灰绿色页岩被方解石呈网纹状充填，岩层分布的透镜状白云岩受地层变形改造呈不规则状分布，剖面 b 局部

图 2.52　网纹状灰绿色页岩及白云岩互层中发育被网格状裂缝切割的介形虫层，地层受构造作用扭曲变形，剖面 b 局部

图 2.53　网纹状灰绿色页岩中发育的白云岩结核，受到构造挤压呈不规则形状沿层展布，剖面 b 局部

图 2.54　灰绿色页岩沿网纹状裂缝被方解石充填，形成网纹状页岩，泥质风化脱落后方解石脉呈现蜂窝式结构，剖面 b 局部

图 2.55　上白垩统青山口组三段，紫红色泥岩夹灰色钙质粉细砂岩，属于浅水三角洲相沉积环境，地层倾角约 70°，位于黑龙江省
宾县糖坊镇四号，剖面 c 左段，左视图

图 2.56　上白垩统青山口组二段，网纹状灰绿色页岩夹沿层分布的透镜状白云岩，页岩中富含方解石脉，地层倾角约 75°，位于黑龙江省宾县糖坊镇四号，剖面 c 右段，正视图

图 2.57　网纹状灰绿色页岩夹沿层分布的透镜状白云岩层，白云岩透镜体呈凸凹接触，厚度在 15～30cm，剖面 c 右段局部

2.3 大顶子山上白垩统嫩江组地质剖面

2.3.1 交通及地理位置

该剖面构造上位于松辽盆地东南隆起区宾县—王府凹陷，地理上位于黑龙江省哈尔滨市宾县于华屯—江南村附近的松花江南岸大顶子山。于华屯（剖面a）及大顶子山剖面（剖面b）均为在自然江岸上经过工程改造后形成的剖面（图2.58），松花江大桥从二者中间穿过，因此，有良好的硬化道路可方便到达，但大桥两侧现已被改造为旅游风景区，部分道路只对旅游者开放。于华屯剖面沿江水道展布，可供观察的长度约600m，高度3.8~15m，典型剖面分为4段，剖面坐标为127°4′51.1″E、45°59′29.6″N。大顶子山剖面背山面水，距离水道约300m，是沿山开路形成的山崖，延伸长度约500m，高度在20~30m，现大部分已经植被覆盖，但在部分滑坡坍塌地带还有新鲜剖面出露，剖面坐标为127°15′51.4″E、45°59′35.6″N。

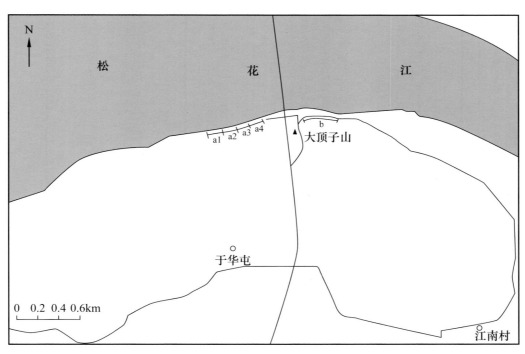

图2.58　黑龙江省宾县大顶子山上白垩统嫩江组（剖面a）及青山口组（剖面b）地质剖面地理位置图

2.3.2 实测剖面描述

于华屯剖面（剖面a）为上白垩统嫩江组下部地层，共有4段较好的露头可供考察。该条剖面主要发育滨浅湖相还原环境下沉积的土黄色、灰白色、灰绿色泥页岩夹薄层灰色泥质粉砂岩及砂岩，可见沿层分布的白云岩结核及凝灰岩和生物灰岩条带。剖面a1长约230m，露头高度约10.5m，发育水平层理（图2.59）。上部发育土黄色泥页岩，厚度约1.85m，下部灰色、灰绿色泥岩及灰色砂岩互层，夹薄层状含介形虫灰岩及凝灰岩，可见透镜状泥砾及白云岩结核。剖面a2延伸长度约80m，高度约7m（图2.60至图2.63）。发育水平层理灰色及灰绿色泥岩，局部含介形虫层及眼球状白云岩结核，眼球状白云岩结核及透镜状白云岩结核沿灰绿色泥岩层零散分布，结核外部氧化形成紫色铁质氧化壳。灰色、灰绿色泥岩夹薄层凝灰岩风化后呈土黄色条带，厚度10~20cm，横向分布稳定。薄片分析表明，白云岩为泥晶白云岩，主要由白云石组成，见少量黄铁矿、生物碎屑、粉砂呈条带状分布，部分生物碎屑被胶磷矿充填。剖面a3延伸长度约150m，高度约15m（图2.64）。主要为水平层理灰绿色含介形虫泥页岩夹凝灰质粉细砂岩层，凝灰质粉细砂岩层厚度1.0~1.5m。剖面a4延伸长度约140m，高度约15m（图2.65至图2.67）。发育水平层理灰色泥页岩夹薄层状白云岩，厚度10~20cm，稳定分布的层状白云岩与沿层离散分布的眼球状白云岩，整体呈现"黏糕状"地层结构。该剖面泥页岩有机碳含量低，成熟度较低，生烃潜力整体较低，不是有效的烃源岩层，为滨浅湖相沉积环境中沉积的产物。

大顶子山剖面（剖面b）为青山口组二段，露头高度20~35m，呈平缓的低角度产状（图2.68至图2.74）。岩性是水平层理以灰色、灰黑色泥页岩为主要格架，泥质或微晶白云岩及介屑灰岩为次级格架的半深湖相地层，可见灰色泥页岩夹凝灰岩，泥质或微晶白云岩平行泥页岩层理展布，单层泥质或微晶白云岩呈透镜状或不规则状断续分布，形成"黏糕层"状地层结构，是青山口组地层对比的标志层。岩石热解分析表明，灰黑色泥页岩 TOC 值较低，仅 0.17%，T_{max} 为 436℃，S_1、S_2、S_3 值都较低，不超过 0.2mg/g，其中 S_1 为 0.02mg/g，S_2 为 0.15mg/g，S_3 为 0.11mg/g；全岩矿物成分分析表明，灰黑色泥页岩中石英占比 52.1%，钾长石占比 7.8%，斜长石占比 17.2%，方解石占比 4.7%，属于长英质页岩。泥质白云岩碳氧同位素分析表明，$\delta^{18}O_{PDB}$ 含量 −7.62‰，$\delta^{18}C_{PDB}$ 含量 −8.05‰，推测为开放环境条件下受到硫酸盐还原菌作用成因的准同生交代白云岩。

大顶子山上白垩统嫩江组地质剖面上典型岩样及地质现象如图 2.75 至图 2.78 所示。

图 2.59　上白垩统嫩江组水平层理灰色、灰绿色泥岩，夹薄层状含介形虫灰岩及凝灰岩，可见透镜状泥砾及白云岩结核，露头高度约 10.5m，位于黑龙江省宾县大顶子山于华屯，剖面 a1 左视图

图 2.60　上白垩统嫩江组水平层理灰色、灰绿色泥岩，局部含介形虫层及眼球状白云岩结核，位于黑龙江省宾县大顶子山于华屯，剖面 a2 右段，左视图

图 2.61　嫩江组眼球状白云岩结核及透镜状白云岩结核沿灰绿色泥岩层零散分布，结核外部氧化形成紫色铁质氧化壳，剖面 a2 右段局部，本图为图 2.58 黄框处

图 2.62　上白垩统嫩江组水平层理灰色及灰绿色泥岩夹薄层凝灰岩及白云岩，凝灰岩风化后呈土黄色条带，位于黑龙江省宾县大顶子山于华屯，剖面 a2 左段

图 2.63　嫩江组泥岩夹薄层状白云岩及土黄色凝灰岩呈条带，沿地层横向分布稳定，厚度 10～20cm，剖面 a2 左段局部，
本图为图 2.60 黄框处

图 2.64　上白垩统嫩江组灰绿色泥岩中凝灰质灰色粉细砂岩层，含介形虫，厚度 1.0～1.5m，位于黑龙江省宾县大顶子山于华屯，
剖面 a3

图 2.65　嫩江组水平层理灰色泥岩夹薄层状白云岩，厚度 10～20cm，沿地层稳定分布，位于黑龙江省宾县大顶子山于华屯，剖面 a4

图 2.66　层状白云岩沿泥岩层呈条带状稳定分布，眼球状白云岩沿地层零散分布，整体呈现"黏糕层"地层结构，剖面 a4 局部

图 2.67　层状白云岩沿水平层理泥岩层呈条带状稳定分布，剖面垂直节理发育，断面氧化呈现土黄色，剖面 a4 局部

图 2.68　上白垩统青山口组，水平层理暗灰色泥页岩夹凝灰岩、白云岩条带及沿层离散分布的透镜状白云岩结核，露头高度
20～35m，呈平缓的低角度产状，位于黑龙江省宾县大顶子山江南村，剖面 b 正视图

图 2.69　上白垩统青山口组水平层理暗灰色泥页岩，夹薄层凝灰岩，位于黑龙江省宾县大顶子山江南村，剖面 b 左段左视图

图 2.70　剖面中部发育沿层分布的眼球状白云岩结核，垂直节理发育，页理不发育，整体呈现较厚的层状水平层理，
剖面 b 左段局部，本图为图 2.69 ①号黄框处

图 2.71　中下部为湖相暗色页岩，页理发育，夹 3 层凝灰岩条带，上部灰色泥页岩中发育透镜状白云岩结核，剖面 b 左段局部，
本图为图 2.69 ②号黄框处

图 2.72　剖面中可见沿裂缝生长的长轴与地层斜交的白云岩结核，说明是成岩后形成的，而长轴平行于地层、沿层分布的白云岩
结核、应该是成岩过程中形成的、属于同生作用或准同生作用，剖面 b 左段局部，本图为图 2.69 ③号黄框处

图 2.73　沿层密集发育的眼球状白云岩结核，形成"黏糕层"状地层结构，是青山口组地层对比的标志，剖面 b 左段局部

图 2.74　上白垩统青山口组水平层理暗灰色泥页岩，产状近于水平，剖面高度约 30m，部分被风化土覆盖，出露部分可见清晰的水平层理，含白云岩结核及凝灰岩条带，位于黑龙江省宾县大顶子山江南村，剖面 b 右段，正视图

图 2.75　不规则白云岩结核，具圈层结构

图 2.76　不规则白云岩结核复合体

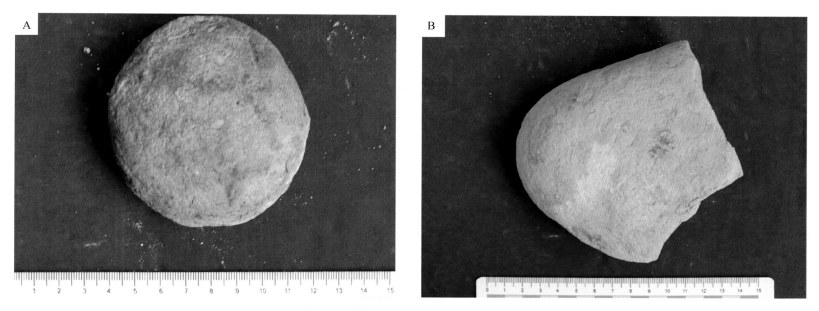

图 2.77 粉晶云岩结核岩石样本组图

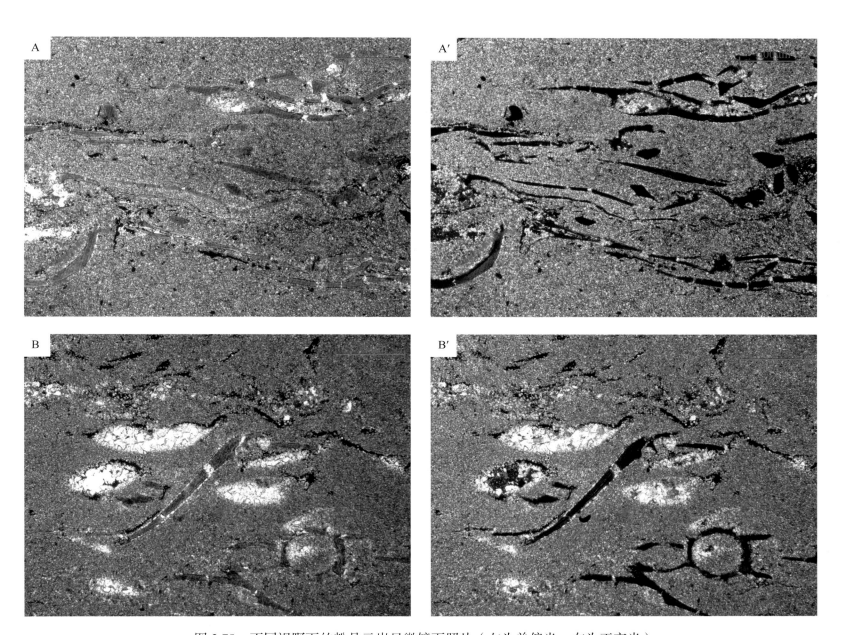

图 2.78 不同视野下的粉晶云岩显微镜下照片（左为单偏光，右为正交光）

（A、A′ 和 B、B′ 分别与图 2.77 中的 A、B 对应）岩石主要由白云石组成，粉晶结构，粉晶白云石紧密镶嵌状排列，见少量黏土分布于白云石间。可见生物碎屑及粉砂呈条带状分布，部分生物碎屑被胶磷矿及方解石、黄铁矿充填

2.4 民和乡城子山—红星渔场—刘望屯下白垩统泉头组地质剖面

2.4.1 交通及地理位置

该剖面构造上位于东南隆起区宾县—王府凹陷，地理上位于黑龙江省宾县民和乡城子山—红星渔场—刘望屯一带沿江分布（图2.79），呈"S"形延伸约12km，属于良好的自然露头，可观察的露头均分布在江岸拐弯处，露头高度10~50m，出露的剖面地表有农田及山林覆盖，有供农用车及工程车行驶的土石路可到达，但剖面下为自然江岸，只可步行。本书编写组在此考察时适逢丰水期，江水上涨约3m。因此，露头高度及地层展布不如枯水期完整。剖面a坐标为127°33′53.6″E，46°0′32.3″N，剖面b坐标为127°34′44″E，45°59′42.7″N，剖面c坐标为127°33′12.5″E，45°58′27.3″N。

2.4.2 实测剖面描述

城子山—红星渔场—刘望屯剖面属于下白垩统泉头组，不论是地层、岩性还是沉积环境；都由北向南发生很大变化。北部的城子山剖面（剖面a）属于泉头组下部一段、二段，地层产状较平缓，发育厚层浅紫色砂岩夹灰绿色及紫红色泥岩，在剖面中发现了厚约5m的磨拉石沉积，最大砾石厚度可达到50cm，风化后砾石脱落，散布在江边（图2.80）。红星渔场剖面（剖面b）属于泉头组三段，地层倾角20°~35°，岩性以厚层紫红色泥岩及厚层土黄色含砾粗砂岩、灰白色细砂岩互层为主，紫红色泥岩中可见钙质团块，砂岩中发育大型槽状层理平行层理及冲刷面，单层砂岩厚度5~10m，该套地层属于泉头组中部大型曲河流沉积环境（图2.80、图2.81）。刘望屯剖面（剖面c）属于泉头组四段，地层倾角70°~80°，近于竖直。岩性以灰色中—粗砾岩为主，夹薄层砂岩及灰色砂质泥岩，砂砾岩中颗分选粒磨圆度较好，发育大型斜层理，砾石沿大型斜层理定向排列，砾石颗粒直径0.5~2.0cm。各套岩层相互冲刷切割，界面清晰，沉积上属于浅水扇三角洲环境（图2.82至图2.85）。

整条城子山—红星渔场—刘望屯剖面是一套连续出露的泉头组，南部的刘望屯一带后期构造变形较强烈，地层近于直立，向北红星渔场及城子山一带受到的构造作用较弱，地层产状逐渐平缓。构造演化上泉头组处于断坳转换阶段，城子山一带泉头组一段、二段属于断陷晚期，当时地形起伏较大，所以在出山口形成了大型磨拉石建造。

在红星渔场一带泉头组三段湖盆进入了坳陷早期，发育大型曲流河沉积，但由于气候干旱炎热，导致沉积物被氧化，形成了含钙质团块的紫色泥岩及土黄色的砂岩。在刘望屯一带泉头组四段发育时期，盆地进入了坳陷初期，形成了浅水湖泊，在边缘地带形成了以粗粒沉积为主的扇三角洲。泉头组上覆青山口组大型湖泊三角洲沉积，此时松辽盆地进入了第一个湖泛期，形成了巨厚的泥页岩地层。因此，泉头组—青山口组形成了一个完整的沉积基准面由低到高的正旋回。

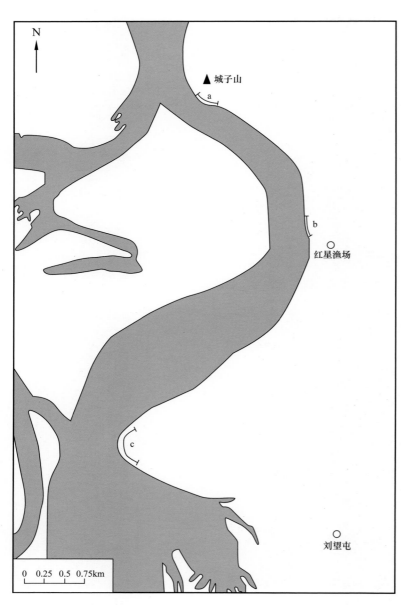

图2.79 民和乡城子山—红星渔场—刘望屯泉头组地质剖面地理位置图

图 2.80 泉头组河流相沿江地质剖面，松花江水冲刷形成陡崖，出露了泉头组含砾砂岩及含钙质团块的紫色泥岩，此为丰水期照片，水位上涨约 3m，位于黑龙江省宾县民和乡城子山—红星渔场，剖面 a—b

S →

含钙团砂岩

紫色泥岩

图 2.81　下白垩统泉头组河流相沿江地质剖面，上部为土黄色含砾粗砂岩，下部为含钙质团块状紫色泥岩，中间发育突变界面，地层倾角约为 30°，位于黑龙江省宾县民和乡红星渔场，剖面 b 右视图

图 2.82 下白垩统泉头组含砾粗砂岩与砂砾岩，界面清晰，呈突变接触，具有冲刷侵蚀特征，位于黑龙江省宾县民和乡刘望屯，剖面 c 右段

图 2.83 下白垩统泉头组含砾粗砂岩、砂砾岩及砂岩互层，岩层倾角 70°～80°，位于黑龙江省宾县民和乡刘望屯，剖面 c 中段，右视图

图 2.84　下白垩统泉头组大型砂砾岩扇体，发育大型斜层理，岩层倾角约为 80°，位于黑龙江省宾县民和乡刘望屯，剖面 c 左段

图 2.85　大型斜层理砂砾岩，砾石沿大型斜层理定向排列，砾石颗粒直径 0.5~2.0cm，岩层倾角约为 80°，位于黑龙江省宾县民和乡刘望屯，剖面 c 左段局部

3　黑龙江省绥化市地质剖面

3.1　海伦市井家店上白垩统嫩江组地质剖面

3.1.1　交通及地理位置

该剖面位于松辽盆地东北隆起区海伦隆起带，地理位置上位于黑龙江省海伦市井家店村扎音河沿岸（图3.1）。属于松辽盆地东北部边缘山地，是河流冲刷形成的沿岸延伸的自然露头，延伸长度约为1000m，高度6~10m，坐标为127°40′31.3″E、47°45′23.1″N。

3.1.2　实测剖面描述

海伦市井家店剖面，整体为上白垩统嫩江组湖泊相及三角洲相沉积地层，下部出露灰绿色、灰黑色泥页岩，发育水平层理，受河水长期浸泡呈松散片状。泥页岩中发育泥质粉砂岩和粉砂质泥岩，泥质粉砂岩具粉砂状结构，颗粒排列松，长形颗粒略具定向分布，孔隙发育差，泥质具绢云母化且呈条带状分布，粉砂质泥岩由泥质与粉砂组成，泥质具重结晶，粉砂零散分布于泥质中。剖面上部出露浅黄色含砾粗砂岩，与下伏泥页岩呈突变接触。含砾粗砂岩中发育大型槽状及斜层理，可见密集分布的大型钙质结核，主要由碳酸钙胶结成的大型砂质透镜状结核。遭受河流冲刷后钙质结核散落于河床底部暗色泥岩之上，结核表面呈铁锰质氧化色，直径1.0~1.5m，结核中保留了母岩原的大型槽状及斜层理，钙质结核底面可见不规则凸起的重荷模，重荷模直径0.3~5.0cm，表明湖相泥页岩上覆的粗砂岩为三角洲前缘的水下重力流沉积。

地球化学分析表明，井家店剖面出露的嫩江组二段、三段暗色泥岩TOC值较低（为0.845%），有机质类型较好，以Ⅰ型干酪根为主，少部分为Ⅱ型干酪根。泥岩显微组分分析表明，有机质主要来源于浮游藻类体，其次为腐泥无定形体和丝质体，含有微量镜质体和孢粉体。

综合分析该剖面出露的上白垩统为一套嫩江组二段、三段的湖相细粒沉积与大型水下扇沉积。由于嫩江组二段沉积时期以后松辽盆地以大型东部物源为主，同时该剖面位于盆地东北部边缘。因此，物源区丰富的物源及强烈的河流作用在三角洲前缘形成重力流发育区，重力流将沉积物搬运到湖区，形成水下扇沉积，并与下部湖相泥质沉积形成突变接触，同时在砂岩底面形成重核膜及球枕构造。剖面湖相泥页岩中可见沿层分散分布的介形虫、叶肢介、双壳类及鱼类等生物化石，表明当时的湖泊处于生物很繁盛的湿润气候环境。但在剖面泥页岩中未发现介形虫成层堆积，也未发现有鲕粒、白云岩及叠层石的发育，说明此处嫩江组二段、三段的沉积环境为盐度较低的较深水湖泊。而在吉林省德惠市菜园子乡姚家站的嫩江组二段却发育密集成层分布的介形虫层、鲕粒层及白云岩层，但相同点是未见叠层石的发育，分析可能是因为湖泊水体盐度的差异及水体深度不同所致。因此，推断海伦市井家店剖面地层层位要高于德惠市菜园子乡姚家站，而且黑龙江省海伦市井家店剖面沉积时处于河流能量强、水量充沛的开放型湖泊，而吉林省德惠市菜园子乡姚家站沉积时处于贫水量供给的蒸发性封闭湖泊。

海伦市井家店上白垩统嫩江组地质剖面上的典型剖面、地质现象及岩性的相关图片如图3.2至图3.13所示。

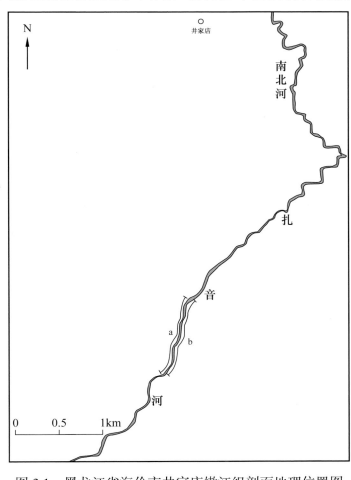

图3.1　黑龙江省海伦市井家店嫩江组剖面地理位置图

图 3.2　河流冲蚀出露的上白垩统嫩江组，灰色、暗灰色泥页岩上覆浅黄色含砾粗砂岩，粗砂岩中发育大型槽状层理，可见密集分布的大型钙质结核，总体为大型湖泊与三角洲沉积环境，位于黑龙江省海伦市井家店，剖面 a+b

图 3.3　河流冲蚀出的近于水平产状的暗灰色泥页岩，顶面与岸边粗砂岩呈突变接触，可见破碎散落的钙质结核，剖面 a

图 3.4 灰色含砾粗砂岩层，厚度约 6m，可见大型钙质结核，直径约 1.2m，下伏灰色泥页岩层，二者呈突变接触，风化作用剖面表面呈土黄色，剖面 a 局部

图 3.5 河流冲刷作用散落于河床底部暗色泥岩之上的大型钙质结核，表面呈铁锰质氧化色，直径 1.0～1.5m，杂色对岸为暗色泥页岩氧化色，剖面 b 局部

图 3.6 河道冲刷出露的槽状层理含砾粗砂岩及其内部发育的大型钙质结核，结核中保留了母岩原生产状的槽状层理，结核直径为 1.0～1.5m，剖面 a 局部

图 3.7 破碎的底面朝上的钙质结核，保留了不规则凸起的重荷模，重荷模直径 0.3～5.0cm，表明湖相泥页岩上覆的粗砂岩为三角洲前缘的水下重力流沉积，湖相泥页岩中发育水平层，受河水长期浸泡呈松散片状，剖面 a 局部

含砾粗砂岩

泥岩界面

破碎的钙质结核

暗灰色泥页岩

破碎的钙质结核

图 3.8　河流冲刷在河床底部出露的湖相暗灰色泥页岩，上覆含砾粗砂岩，可见明显的岩性界面，河床上散落破碎的大型钙质结核残块，剖面 a 局部

槽状层理

侧积层理

斜层理

图 3.9　残留于河道中的含砾粗砂岩发育大型槽状层理夹侧积层理，呈现水动力条件逐渐变强的反旋回特征

图 3.10　灰色泥质粉砂岩标本

图 3.11　暗灰色粉砂质泥岩标本

图 3.12　泥质粉砂岩显微镜下照片（左为单偏光，右为正交光）

泥质粉砂岩，粉砂状结构，颗粒排列松，长形颗粒略具定向分布，孔隙发育差，泥质具绢云母化且呈条带状分布

图 3.13　粉砂质泥岩显微镜下照片（左为单偏光，右为正交光）

粉砂质泥岩，岩石由泥质与粉砂组成，泥质具重结晶，粉砂零散分布于泥质中

3.2 望奎县前关屯—毛山屯上白垩统姚家组—嫩江组地质剖面

3.2.1 交通及地理位置

该剖面为河流冲蚀出来的河流阶地基础上，因修路取土形成的人工剖面。构造上位于松辽盆地东北隆起区，地理上属于黑龙江省望奎县（图3.14）。前关屯剖面（剖面a）归属于上白垩统嫩江组一段，剖面长约300m，高约10m，剖面顶部为农田，底部已经水淹，边部有土石路绕过，坐标为126°57′30.1″E、47°4′20.9″N。毛山屯剖面（剖面b）位于前关屯剖面南约5km，地层上归属于上白垩统姚家组，剖面延伸长度80m，高度约10~20m，是新开出的剖面，尚未坍塌和覆盖，地层出露清晰，有村级道路在剖面下通行，坐标为126°57′30.4″E、47°1′48.5″N。

3.2.2 实测剖面描述

前关屯剖面地层上属于上白垩统嫩江组一段，湖相沉积环境。发育暗色泥岩夹粉砂岩，暗色泥岩发育水平层理，粉砂岩具波状及脉状层理，可见层状白云岩与眼球状白云岩，白云岩呈浅黄色、浅黄灰色、灰白色，具微晶或者泥晶结构，性脆，硬度大，用铁器易划出擦痕。泥岩中发育浊积砂岩，砂岩单层厚度0.5~1.0m，具平行层理及重荷模，同时还发育浊积纹层状粉细砂岩。剖面中脱落的泥质岩块偶见次圆状内碎屑，发育李泽冈环结构，说明当时水体动荡，河流能量较强，携带沉积物进入湖区形成大规模发育的浊积岩。显微镜下分析表明，粉砂质泥岩主要由泥质、粉砂、碳酸盐组成，泥质具重结晶，粉砂零散分布，碳酸盐呈团块、条带状分布，浊积砂岩以细粒长石岩屑为主，细砂状结构，颗粒排列中等紧密，孔隙发育较差，长形颗粒略具定向排列，泥质具重结晶，少量碳酸盐零星分布或交代碎屑颗粒。泥岩中富含完整的叶支介化石，介形虫化石零星可见。

毛山屯剖面（剖面b）地层上属于上白垩统姚家组，地层倾角较缓，岩性以紫红色泥岩和灰色泥质粉砂岩为主，泥岩中可见钙质团块，属于蒸发性浅水三角洲沉积环境。剖面顶部发育厚层砂岩并呈缓倾斜的削截产状，中下部薄层砂岩与紫红色泥岩互层，底部发育中厚层斜层理砂岩，砂岩底部含泥砾，成岩较弱，与紫色泥岩突变接触。

盆地级沉积环境分析表明，姚家组处于晚白垩世裂后热沉降阶段的中期，第一次青山口期大规模湖侵结束，第二次嫩江期湖侵尚未开始。此时盆地范围内发育统一的浅水湖盆，深水区在现今中央凹陷大庆长垣的南部，规模比较小，周边大面的浅水三角洲发育区，因此，地层厚度较薄。姚家组姚一段厚度10~80m，岩性为灰绿色、紫灰色泥岩与绿灰色、灰白色砂岩互层，主要发育河流相及三角洲相，与下伏青山口组在坳陷中部为整合接触，在北部盆地隆起部位，姚家组一段底部发育不全，与青山口组成微角状交切，为假整合接触，厚度变化较大，一般为40~60m，暗色泥岩不发育，主要是含钙质团快的紫色泥岩夹灰色三角洲相砂岩，生物化石稀少。

望奎县前关屯—毛山屯上白垩统姚家组—嫩江组地质剖面上的典型剖面、地质现象及岩性的相关图片如图3.15至图3.34所示。

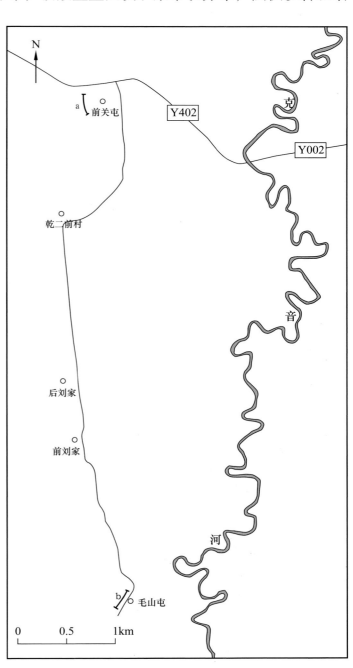

图3.14 望奎县前关屯—毛山屯地质剖面地理位置图

图 3.15 上白垩统嫩江组，主要发育暗色泥岩，局部夹灰色砂岩，泥岩中发育层状及眼球状白云岩。由于风化及坍塌剖面被表层黄土遮盖，局部可见原始地层，位于黑龙江省绥棱县前关屯人工剖面，剖面 a

图 3.16 嫩江组剖面局部出露遭受风化林滤的层状白云岩与眼球状白云岩，位于黑龙江省绥棱县前关屯人工剖面，剖面 a 局部，本图为图 3.15 黄框处

图 3.17 暗色泥岩夹粉砂岩具波状层理及脉状层理组图，取自前关屯剖面遗留落石

图 3.18 具水平层理暗色泥岩，取自前关屯剖面遗留落石

图 3.19　泥质内碎屑，具李泽冈环结构，取自前关屯剖面遗留落石

图 3.20　具重荷模的浊积砂岩，取自前关屯剖面遗留落石

图 3.21　被裂缝切割的白云岩结核，取自前关屯剖面遗留落石

图 3.22　平行层理浊积砂岩，取自前关屯剖面遗留落石

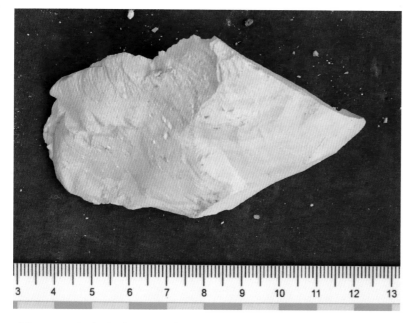

图 3.23　灰色含碳酸盐含粉砂泥岩，取自前关屯剖面遗留落石　　图 3.24　粉砂质泥岩，含叶肢介化石，取自前关屯剖面遗留落石

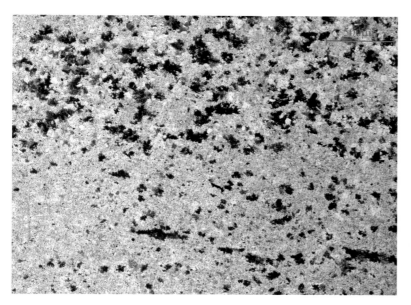

图 3.25　含碳酸盐含粉砂泥岩显微镜下照片（左为单偏光，右为正交光）

含碳酸盐含粉砂泥岩主要由泥质、粉砂、碳酸盐组成，泥质具重结晶，粉砂零散分布，碳酸盐呈团块、条带状分布

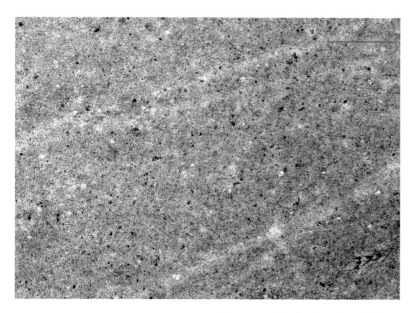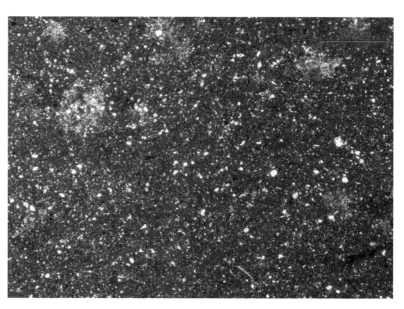

图 3.26　粉砂质泥岩显微镜下照片（左为单偏光，右为正交光）

粉砂质泥岩主要由泥质、粉砂组成，泥质具重结晶，粉砂零散分布于泥质中

图 3.27　细粒长石岩屑砂岩，取自前关屯剖面遗留落石　　　　　　图 3.28　含粉砂泥岩，取自前关屯剖面遗留落石

图 3.29　细粒长石岩屑砂岩镜下照片（左为单偏光，右为正交光）

细砂状结构，颗粒排列中等紧密，孔隙发育较差，长形颗粒略具定向排列，泥质具重结晶，少量碳酸盐零星分布或交代碎屑颗粒，岩块以中性喷发岩、酸性喷发岩为主

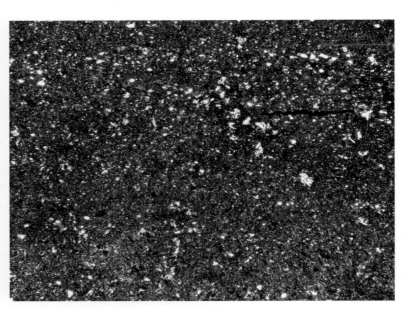

图 3.30　含粉砂泥岩镜下照片（左为单偏光，右为正交光）

主要由泥质、粉砂组成，泥质具重结晶，粉砂分布不均，呈条带状富集，见少量生物碎屑、碳酸盐分布

N

E

图 3.31 上白垩统姚家组，紫色泥岩夹灰色粗砂岩，顶部削截，成岩作用较弱，地层倾角较缓，泥岩中含钙质结核，砂岩中含砾石，属于浅水三角洲沉积环境，位于黑龙江省望奎县毛山屯，剖面 b 中段

图 3.32 上白垩统姚家组，顶部削截，紫红色泥岩夹薄层灰白色砂岩，砂岩向左侧加厚，位于黑龙江省望奎县毛山屯，剖面 b 右段

图 3.33　顶部发育厚层砂岩，中下部紫红色泥岩夹薄层砂岩，整体呈现反旋回特征，位于黑龙江省望奎县毛山屯，剖面 b 左段

图 3.34　具有斜层理灰色砂岩，砂岩底部含泥砾，成岩作用较弱，底部与紫色泥岩突变接触，上部发育两层砂质条带，
剖面 b 左段局部，本图为图 3.33 黄框处

3.3 绥化市北林区四方台镇腰屯村上白垩统四方台组建组地质剖面

3.3.1 交通及地理位置

该剖面构造上位于松辽盆地东北隆起区绥化凹陷北部，地理上隶属于绥化市北林区四方台镇腰屯村，是由诺敏河冲蚀形成的沿河阶地（图3.35）。剖面出露的是上白垩统四方台组，属于四方台组建组剖面，全长近6000m，高度30~50m。剖面上部是农田和树林，下部是开阔的河谷湿地及水稻田，有农田砂石路从剖面下通行，部分坍塌。坐标是127°6′3.9″E、46°55′36.8″N。

3.3.2 实测剖面描述

四方台镇腰屯村四方台组建组剖面是1937年由堀内（郝铃琦）命名的地层名，最初称为四方台层。四方台镇腰屯村四方台组地层综合柱状图如图3.36所示。剖面整体以褐红色、灰绿色砂岩、泥岩为主，成岩作用较弱。地层产状较缓，褐红色及褐黄色砂岩与灰绿色泥岩呈交替分布，可清晰分辨地层的韵律性，呈现河湖交替的环境（图3.37、图3.38）。该剖面四方台组为盆地萎缩期产物，以氧化环境为主，地层颜色以杂色与浅色调为主，整体沉积环境为浅湖相、浅滩及河流相。出露的同一套地层具有剖面a和剖面b两个部分，剖面a整体以褐红色、灰绿色、砂岩、泥岩为主，成岩作用较弱，部分坍塌，绥化市四方台镇腰屯村。剖面b地层成岩作用较弱，部分坍塌，逆光下隐约识别出具有韵律性（图3.39、图3.40）。剖面上部是以粉砂质泥岩、泥岩、砂砾岩为格架的曲流河沉积地层，灰色粉砂质泥岩与褐黄色、灰色泥岩互层，主要成分为黏土，含量约占70%，其次为石英和长石，二者含量约占20%，单层厚度约8cm，黑色泥岩中见植物立生根。黄色含砾粗砂岩，主要成分为石英，含量约占55%，其次为长石，含量约占30%，其中以斜长石为主，层内见砾石和泥砾呈薄层条带，含量约占15%。下部是以泥岩为主的浅湖相地层单元，浅绿色粉砂质泥岩主要成分黏土，含量约占65%，石英占比约27%，长石占比约5%，含粉砂质泥，块状构造，褐红色含粉砂泥岩，黏土含量75%，石英含量约20%，长石含量约5%，可见泥砾。

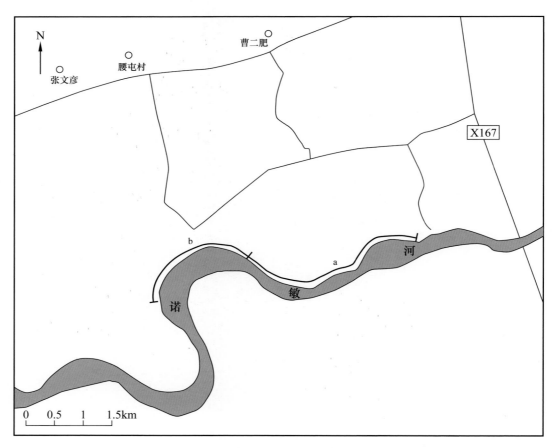

图3.35　四方台镇腰屯村四方台组剖面地理位置图

四方台组沉积时期属于白垩纪末期松辽盆地构造反转阶段，太平洋板块的挤压作用异常强烈，使盆地东部差异性抬升并发生褶皱，在进入白垩纪末期的明水组沉积末期形成T_{02}和T_{03}两大不整合界面，成为进入构造反转阶段的重要标志。在盆地范围内四方台组沉积厚度 0~413m，岩性主要由砖红色、褐色及紫灰色砂泥岩与棕灰色、灰绿色砂岩、粉砂岩和泥质粉砂岩，与下伏嫩江组呈不整合接触。沉积中心大体在黑帝庙—乾安一带，厚度一般为 200~400m，向两侧厚度变薄，在盆地东部绥化地区沉积较薄，目前也是局部残留。四方台组河流相对比较发育，湖泊范围小，水体浅。发育介形类、双壳类、腹足类及轮藻化石，未见鲕粒、叠层石及白云岩。

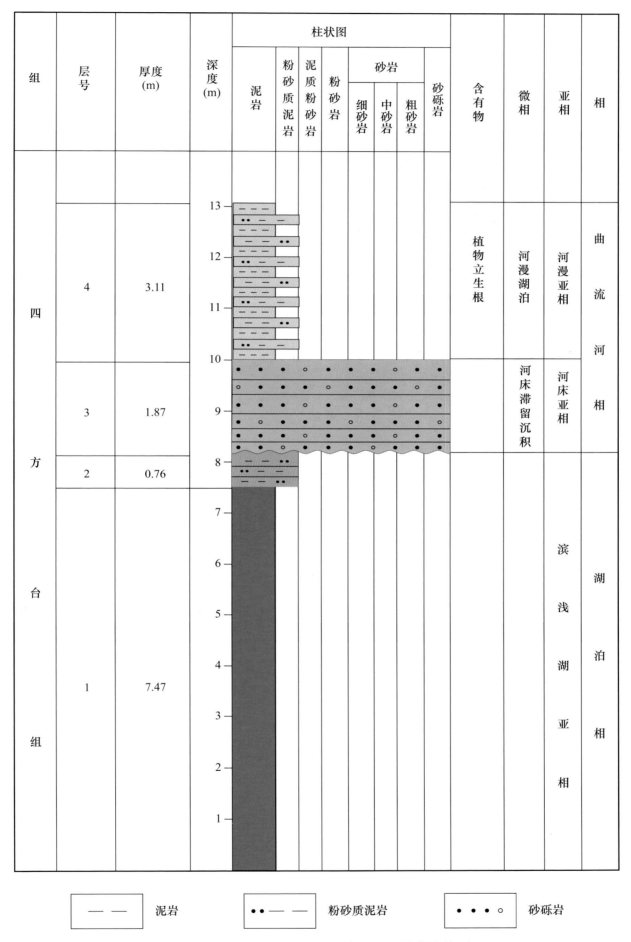

图 3.36 四方台镇腰屯村四方台组地层综合柱状图

图 3.37　上白垩统四方台组，整体以褐红色、灰绿色砂岩、泥岩为主，成岩作用较弱，部分坍塌，位于绥化市四方台镇腰屯村，剖面 a

图 3.38　可清晰分辨地层的韵律性，地层产状较缓，褐色、黄色砂岩与灰绿色泥岩呈交替分布，呈现河湖交替的环境，剖面 a 右段，本图为图 3.37 黄框处

图 3.39　上白垩统四方台组，地层成岩作用较弱，部分坍塌，逆光下隐约识别出具有韵律性，位于绥化市四方台镇腰屯村，剖面 b

图 3.40　河流相及浅湖相，上部为棕黄色粉砂质泥岩、泥岩及含砾粗砂岩，下部主要为灰色、灰绿色泥岩，剖面 b 左段，
本图为图 3.39 黄框处

4 吉林省松原市地质剖面

4.1 哈玛尔村上白垩统姚家组—嫩江组地质剖面

4.1.1 交通及地理位置

该剖面构造上位于松辽盆地东南隆起区登娄库背斜带，地理上位于吉林省松原市前郭尔罗斯蒙古族自治县哈玛尔村，是松花江吉林省段干流下游沿江剖面，部分经人工挖掘形成土崖。剖面延伸约2400m，高40~60m，上部为山地农田，下部为江堤及水田，有农机路可通行，坐标为125°4′55.4″E~125°4′27.5″E、44°57′5.7″N~44°58′28.1″N。

4.1.2 实测剖面描述

哈玛尔村沿江剖面跨越松辽盆地东南隆起带和中央坳陷带，发育的褶皱构造有青山口穹隆式背斜、登娄库背斜带和大房深向斜（鹰山—杏山凹陷），较大的断层有松花江大断层（扶余断裂带）青山口—五家站正断层、哈玛正断层和伊通河断裂。如图4.1所示，出露的地层大部分为上白垩统姚家组（剖面a、剖面b），只在哈玛尔村西后山发育上白垩统嫩江组（剖面c）。姚家组层位为姚家组上部二段、三段，出露状态良好，地层倾角平缓，侧向延伸稳定。岩性主要为紫红色等泥岩与鲕粒灰岩及介形虫层钙质砂岩交替出现，发育水平层理，紫红色泥岩具网纹状钙质充填，沿层理方解石夹层频繁出现，因此，属于炎热蒸发气候下的浅水三角洲相沉积环境。断裂和裂隙发育，可见X形剪切节理及负花状构造。最大水平断距5m，垂直断距50cm，同时断裂带紫色泥岩被地表降水淋滤而还原成灰色泥岩，地层中富含介形虫和叶支介化石，可见介形虫化石成层出现。姚家组泥晶鲕粒灰质云岩显微镜下鉴定表明，具有泥晶颗粒结构，颗粒主要为鲕粒，多呈椭圆状，鲕粒内多包裹介形虫或介屑，成分为泥晶白云石及少量方解石，颗粒被泥晶方解石及少量亮晶方解石胶结，少量粉砂、蛋白石分布于颗粒间。

哈玛尔村西后山（剖面c）地层属于嫩江组一段深湖相的油页岩，上部为姚家组浅水湖泊三角洲粉砂岩—泥岩，中间有一角度不整合接触界面，嫩江组与姚家组的地层倾向与倾角明显不同，姚家组推覆到嫩江组之上，代表发生过比较强烈的构造运动。岩性以灰黑色、黑色页岩为主，发育凝灰岩薄层；页理密度在10~23个/cm，页理面上可见介形虫和叶肢介化石，个体完整，纹饰清晰，为原地埋藏；剖面中还发现完整的长头松花鱼化石。岩石X射线衍射分析结果表明，嫩江组一段灰黑色页岩全岩矿物以石英为主，含量达69.8%，其次黏土矿物，含量达22.7%，含少量斜长石和钾长石，斜长石含量4.5%，钾长石含量3.0%。常微量元素分析表明，Sr/Ba比值为0.19，表明处于淡水沉积环境。嫩江组烃源岩TOC值5.4%~9.1%，S_2含量45~76mg/g，R_o 0.45~0.55，表明该露头有机质丰度高，但还未达到生油高峰，但是打开的页岩新鲜断面可嗅到浓重的油气味道，当地曾经把该套地层作为页岩油矿，用来提取原油。

哈玛尔村上白垩统姚家组—嫩江组地质剖面上的典型剖面、地质现象及岩性的相关图片如图4.2至图4.33所示。

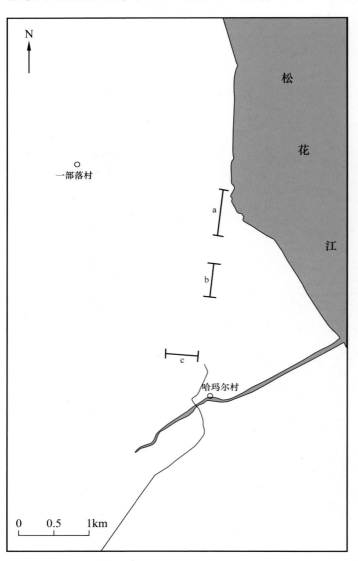

图4.1 哈玛尔村姚家组沿江剖面地理位置图

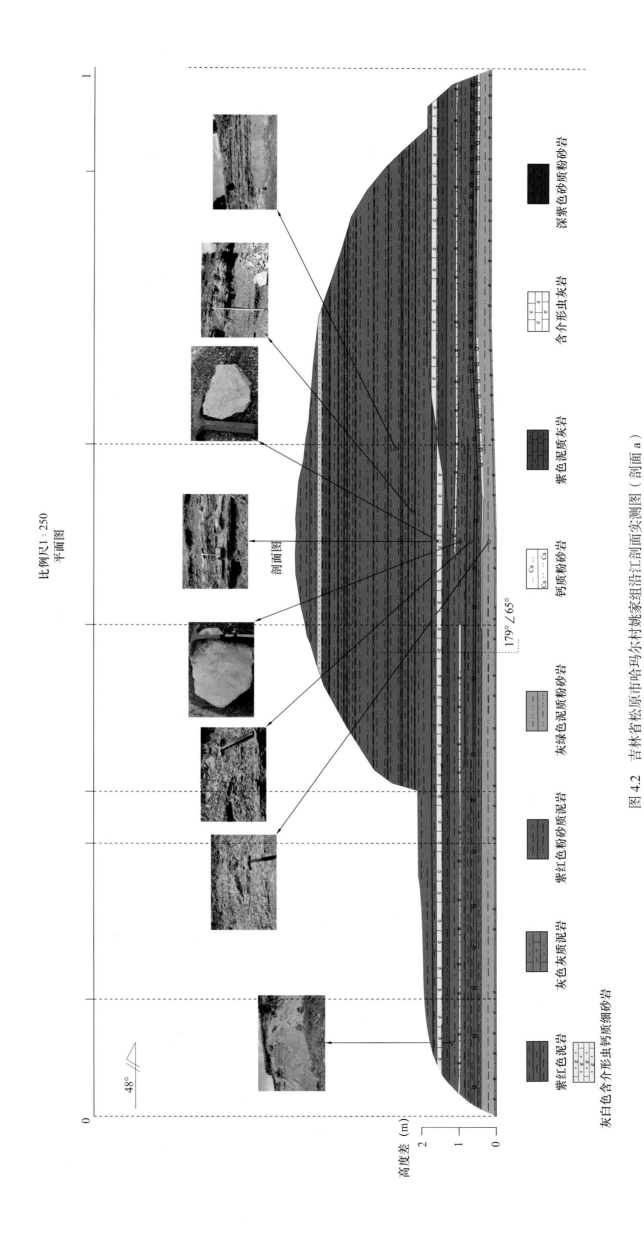

图 4.2 吉林省松原市哈玛哈尔村姚家组沿江剖面实测图（剖面 a）

图 4.3　上白垩统姚家组，沿江松花江延伸近 2km，岩性主要为紫红色网纹状钙质泥岩与灰色钙质粉砂岩及介形虫层互层，位于吉林省松原市哈玛尔村沿江剖面，左侧黄框为剖面 a，右视图

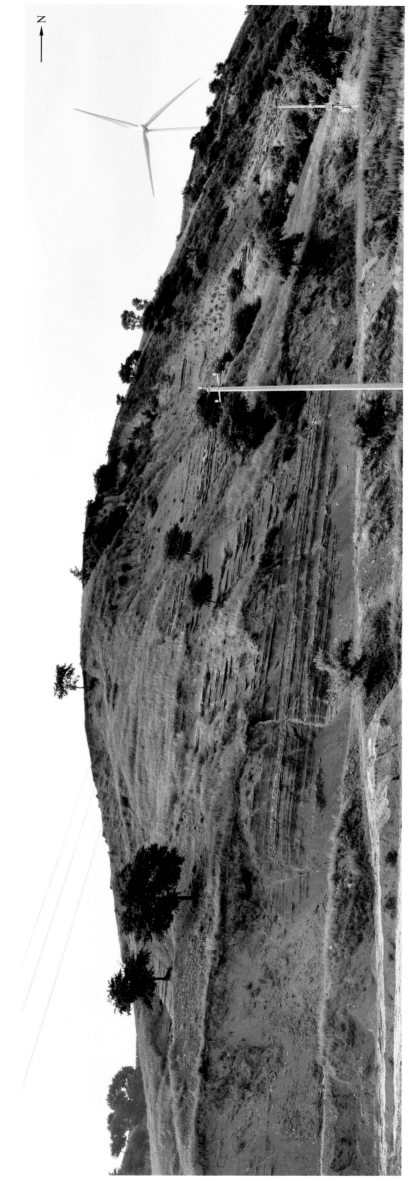

图 4.4　紫红色网纹状钙质泥岩与灰色钙质粉砂岩及介形虫层、鲕粒灰岩互层，浅水三角洲相沉积环境，紫红色泥岩钙质含量高，形成高频的钙质夹层，位于吉林省松原市哈玛玛尔村，剖面 a，右视图，本图为图 4.3 黄框处

图 4.5　紫红色泥岩、钙质泥岩与灰色介形虫灰岩及鲕粒灰岩互层，断裂和裂隙发育，最大水平断距 5m，垂直断距 50cm，断裂带
紫色泥岩被地表降水淋滤而还原成灰色，剖面 a 局部

图 4.6　剖面断裂发育，多呈负花状构造及"Y"字形构造，大气水沿断裂下渗，将紫红色泥岩淋滤还原成灰色泥岩，剖面 a 局部

图 4.7　断裂破碎带及裂隙中紫红色泥岩被下渗的大气降水淋滤还原成灰色泥岩，剖面 a 局部

图 4.8　沿层发育薄层状方解石结晶体，厚度 1~3cm，可见溶蚀孔洞下部与介形虫层接触，形成一个亮化壳

图 4.9　上白垩统姚家组，剖面主要有紫红色网纹状钙质泥岩夹灰色钙质粉砂岩及介形虫层，鲕粒层呈互层状发育，地层产状较缓，主要由江水冲刷及人工采挖形成，位于哈玛尔村砖厂，剖面 b

图 4.10　紫红色网纹状钙质泥岩、粉砂质泥岩为主，局部夹薄层灰色粉砂岩，沿层钙质夹层密集发育形成"千层饼"式结构，剖面 b 局部

图 4.11　发育小型浅水三角洲砂体，可见向右进积的层序结构，顶部削截，单砂体间由泥质夹层分隔成不同的单元，剖面 b 局部，本图为图 4.10 黄框处

图 4.12 小型浅水三角洲砂体由含介形虫钙质粉砂岩、含介形虫粉砂质泥岩互层组成，钙质含量高，遇酸强烈反应，剖面 b 局部

图 4.13 小型浅水三角洲发育的灰绿色含介形虫泥岩与含介形虫粉砂岩，界面突变接触，剖面 b 局部

图 4.14 紫红色泥岩夹钙质夹层形成层状地层结构，地层倾角 2°，大气降水沿裂隙下渗将紫红色泥岩还原成灰色泥岩，剖面 b
局部

图 4.15 早期垂直裂隙被晚期平缓的裂隙错段，形成交叉式破碎带，沿破碎带紫红色泥岩被还原成灰绿色，剖面 b 局部

图 4.16 发育共轭节理及小型水道下切形成的型透镜状介形虫层，下部发育钙质含介形虫泥质粉砂岩，属于水下河道沉积，剖面 a 局部

图 4.17 密集发育的方解石夹层及条带，发育共轭节理及密集的裂隙，剖面 a 局部

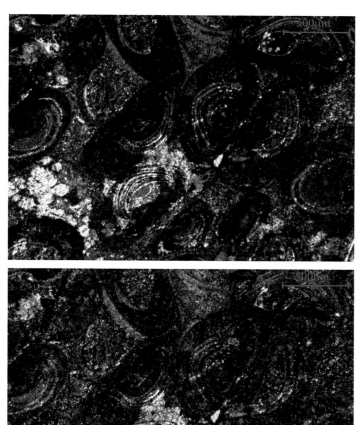

泥晶鲕粒灰质云岩，具有下凸型结构

泥晶鲕粒灰质云岩宏观及微观照片(上为单偏光，下为正交光)

图 4.18　泥晶鲕粒灰质云岩

泥晶颗粒结构，颗粒主要为鲕粒，多呈椭圆状，鲕粒内多包裹介形虫或介屑，成分为泥晶白云石及少量方解石，颗粒被泥晶方解石及少量亮晶方解石胶结在一起，少量粉砂、蛋白石分布于颗粒间

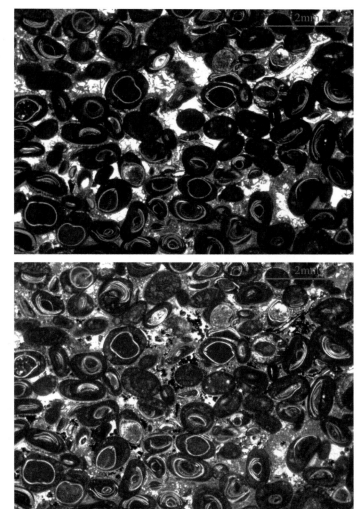

泥晶鲕粒灰岩，厚15～20cm，沿层分布

泥晶鲕粒灰岩微观照片(上为单偏光，下为正交光)

图 4.19　泥晶鲕粒灰岩

泥晶颗粒结构，颗粒为鲕粒，多呈椭圆状或者近圆状，鲕粒内多包裹介形虫，成分为泥晶方解石，颗粒被泥晶白云石胶结在一起

图 4.20　上白垩统嫩江组一段，下部为嫩江组深湖相灰色油页岩为主的沉积地层，上部为姚家组浅水湖泊三角洲粉砂岩—泥岩，中间有一角度不整合接触界面，嫩江组与姚家组地层倾向与倾角明显不同，姚家组推覆到嫩江组之上，代表发生过比较强烈的构造运动。该套嫩江组地层整体为暗色页岩、泥质粉砂岩、粉砂质泥岩互层，夹少量薄层凝灰岩，页岩中含丰富的介形虫及叶支介化石，个体完整，纹饰清晰，为原地埋藏。剖面中还发现完整的长头松花鱼化石，大多数化石保存完整，属于原地埋藏。打开的页岩新鲜断面可嗅到浓重的油气味道，当地曾经把该套地层作为页岩油矿，用来提取炼制提取油气，位于哈玛尔村后山，剖面 c

图 4.21　上白垩统姚家组杂色泥岩侧向推覆到嫩江组泥岩之上，形成角度不整合接触，位于哈玛尔村后山，剖面 c

图 4.22 页岩页理发育，页理密度在 10~23 个 /cm，剖面下部为灰色含介形虫粉砂质泥岩，位于哈玛尔村后山，剖面 c 局部

图 4.23 页岩含丰富的叶肢介化石，化石个体完整，纹饰清晰，具有原地埋藏的特征，位于哈玛尔村后山，剖面 c 局部

图 4.24 暗色页岩中沿页理面出露的叶肢介化石，页岩新鲜断面处油气味道较浓，位于哈玛尔村后山，剖面 c 局部

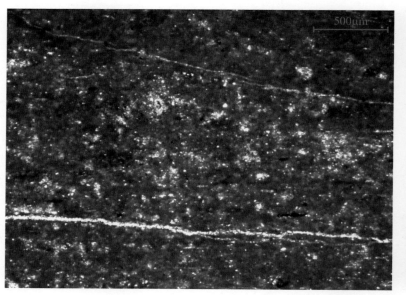

图 4.25 哈玛尔村后山（剖面 c）泥页岩微观照片（左为单偏光，右为正交光）

泥岩主要由泥质组成，泥质具重结晶，见粉砂零星分布于泥质中

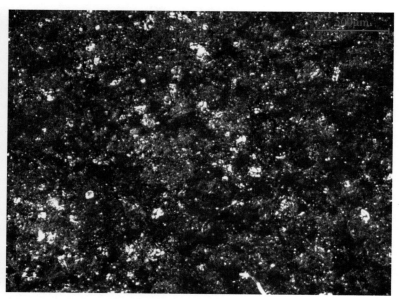

图 4.26 哈玛尔村后山（剖面 c）泥岩微观照片（左为单偏光，右为正交光）

岩性为泥岩，含少量砂质

图 4.27　采集到的长头松花鱼化石，个体完整，保存完好，属于原地埋藏，野外样品照片，取自哈玛尔村后山，剖面 c

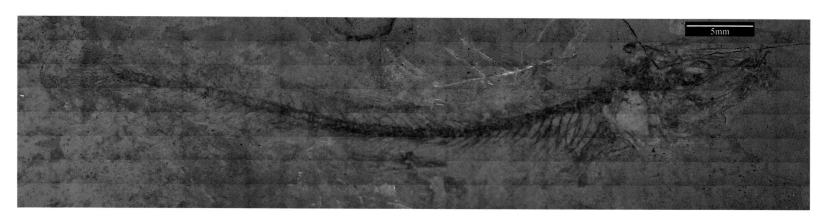

图 4.28　嫩江组长头松花鱼化石，微观镜下照片，长度 6cm，取自哈玛尔村后山，剖面 c

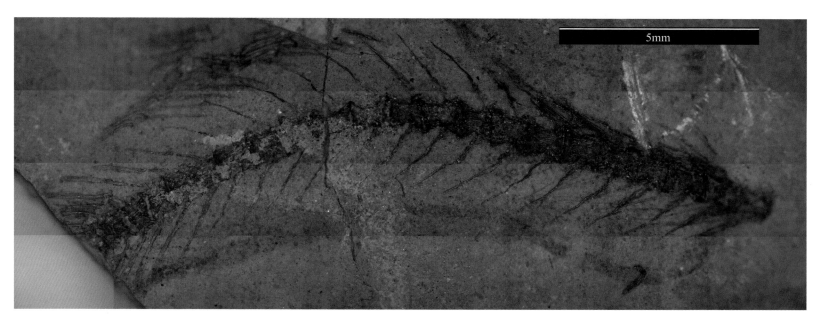

图 4.29　嫩江组长头松花鱼骨骼化石，微观镜下照片，长度 1.6cm，取自哈玛尔村后山，剖面 c

图 4.30　嫩江组暗色
页岩中夹薄层灰白
色凝灰岩，厚度约
2cm，位于哈玛尔村
后山，剖面 c 局部

哈玛尔村后山 (剖面c) 嫩江组凝灰岩野外标本

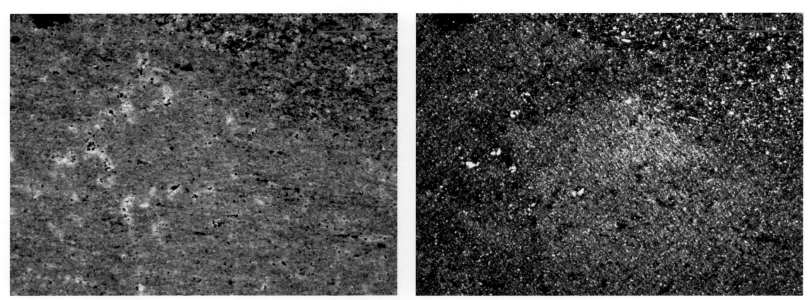

哈玛尔村后山 (剖面c) 凝灰岩微观照片 (左为单偏光，右为正交光)

图 4.31　哈玛尔村后山（剖面 c）凝灰岩
凝灰岩具凝灰结构，岩石主要由晶屑及大量火山灰组成，晶屑为棱角状长英质，火山灰具黏土化

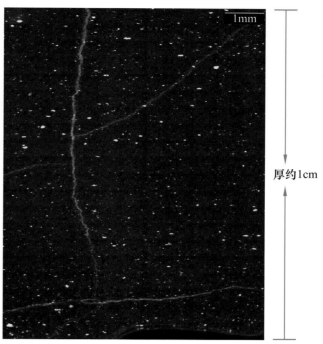

哈玛尔村后山 (剖面c) 油页岩手标本照片
TOC: 7.23%; R_o: 0.52%
S_1: 1.15mg/g; S_2: 44.59mg/g; HI: 616.8

哈玛尔村后山 (剖面c) 油页岩全景荧光照片

1mm

厚约1cm

图 4.32　取自哈玛尔村后山的油页岩标本及其数据分析

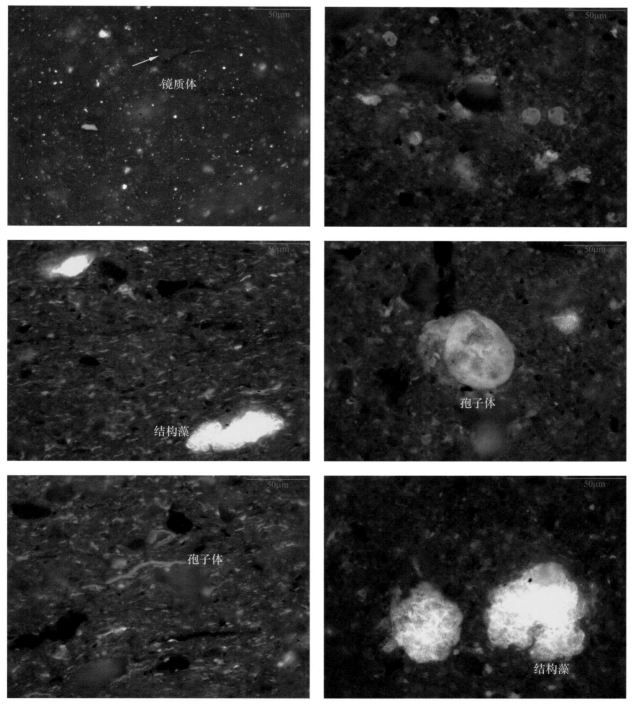

镜质体

结构藻

孢子体

孢子体

结构藻

图 4.33　嫩江组油页岩微观照片，左上为白光，其余为荧光，取自哈玛尔村后山，剖面 c

4.2　哈达山上白垩统青山口组地质剖面

4.2.1　交通及地理位置

该剖面构造上位于松辽盆地东南隆起区与中央坳陷区交接的登娄库构造上，地理上位于吉林省松原市前郭尔罗斯蒙古族自治县王府站镇吉拉吐乡，哈达山水利枢纽南侧约1km，属于丘陵地带工程取土形成的大型坑穴（图4.34）。剖面南北延伸约500m，高度10~22m，顶部是永久性农田，底部是复垦的农田，有市级主干道路在附近通过。坐标为125°1′35.3″E、45°1′10.2″N。

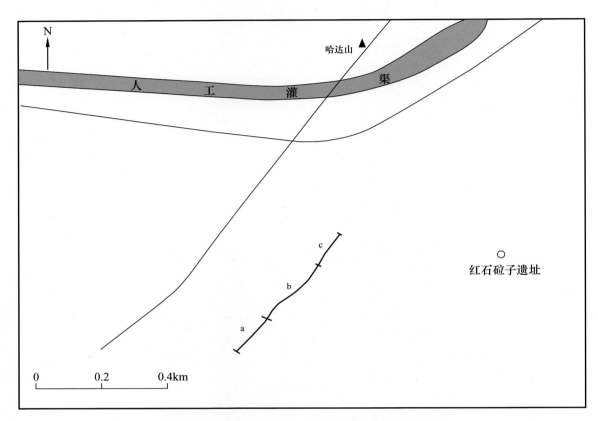

图4.34　哈达山青山口组地质剖面地理位置图

4.2.2　实测剖面描述

哈达山剖面出露的层位属于青山口组二段、三段，地层倾角为2°~5°，侧向延伸稳定，可沿标志层连续追踪（图4.35）。剖面顶部地层被削截，局部保留风化壳。岩性主要为棕红色、灰绿色、紫红色、黄绿色、土黄色泥岩夹介形虫层、方解石层及铁锰质氧化层，总体呈"千层饼"式结构（图4.36至图4.42）。

X射线衍射分析结果表明，泥岩中硅酸盐矿物主要为石英占比3.8%~26.8%，平均值为10.3%，斜长石占比2.9%~14.9%，平均值为7.06%，钾长石占比0.8%~5.4%，平均值为2.9%。碳酸盐矿物主要为方解石，占比8.8%~87.8%，平均值66.33%，其次为方沸石占比17.7%，黄铁矿占比0.5%~1.0%，平均值为0.75%。黏土矿物以伊/蒙混层为主，占比6.3%~57.6%，平均值为30.8%，其次为伊利石占比0.9%~9.1%，平均值5.1%，高岭石占比0.1%~1.9%，平均值为1%。

按照黏土矿物、碳酸盐矿物及长英质的含量，哈达山青山口组二段、三段泥岩细划为长英质泥岩和富方解石泥岩两种类型。本区剖面上的典型岩石标本及微观图片如图4.43至图4.65所示。

青山口组一段沉积时期，松辽盆地发生第一次大规模湖侵，其沉积边界超过了现今松辽盆地的范围。青山口组二段、三段属于湖平面下降期的沉积产物，该时期古湖泊的分布范围已大幅缩小，湖盆处于明显的充填阶段，沉积速度大致等于或超过沉降速度。在水体变浅过程中，暗色泥岩也随之减少，同时红色、紫红色泥岩增多，相应钙质含量增加。推测当时湖泊涨落频繁，岸线摆动带在盆地长轴方向十分宽阔，使沉积物频繁出露水面，每次大的湖退都会引起大面积水域脱离主要湖区，形成广泛的泥滩环境，而淤积物中大量介形虫死亡，从而形成介形虫化石层和膏盐层的沉积。膏盐层的出现一方面与古气候干热有关，另一方面也与蓄水体有关，蒸发作用使浅水中的硫酸盐、碳酸盐浓缩沉淀，最后成层保存下来。

界	系	统	组	段	比例尺(m)	岩性剖面	岩性描述
中生界	白垩系	上白垩统	青山口组	二段+三段			棕红色泥岩，钙质胶结，层理面上见介形虫等生物化石分布，顶部可见黑色铁质结核及古土壤层、风化壳发育。局部可见泥岩夹方解石脉交互薄层分布，整体厚20m 黄绿色泥岩与黄色泥岩互层，上部有厚0.22m的灰紫色泥岩 上部是厚0.6m的灰紫色泥岩，下部是棕红色泥岩，厚0.31m 黄绿色泥岩与紫红色泥岩互层 紫红色泥岩，薄层与厚层泥岩互层 灰绿色泥岩，上部夹两层黄色薄层泥岩 紫红色泥岩。含钙质较少的较厚层泥岩与含钙质较多的薄层泥岩互层，含钙质泥岩层厚1～2cm，泥岩厚5～10cm 灰绿色泥岩，含较丰富的介形虫化石，中下部夹有土黄色钙质泥岩 黄绿色泥岩，含有丰富的介形虫化石，钙质含量较高，具有一定层理，含有三层黄色泥岩层，位于距底约50cm、70cm、105cm处，呈断续分布。产孢粉化石 *Schizaeoisporites*、*Cythidites* 等 灰绿色泥岩，产孢粉化石 *Schizaeoisporites*、*Interulobites*、*Classopollis* 等，底部是灰紫色泥岩，含丰富的介形虫 灰绿色泥岩，具有断续的薄层介形虫层，有一定的水平纹层，底部灰紫色、土黄色泥岩，含较丰富的介形虫化石，钙质含量较高，产孢粉化石 *Schizaeoisporites*、*Cythidites* 等 上部黄绿色泥岩，具水平纹层。下部灰绿色泥岩 灰紫色泥岩，下伏地层为灰绿色泥岩夹紫红色泥岩

图 4.35 哈达山青山口组二段、三段地层综合柱状图

109

图 4.36 上白垩统青山口组二段、三段，岩性主要为棕红色、黄绿色及灰绿色泥岩夹介形虫及鲕粒层，呈"千层饼"状，发育水平层理，沿层理发育密集的方解石层，位于松原市哈达山，剖面 a

110

SW

图 4.37　上白垩统青山口组二段、三段，岩性主要为棕红色、黄绿色及灰绿色泥岩夹介形虫及鲕粒层，呈"千层饼"状，发育水平层理，沿层理发育密集的方解石层，位于松原市哈达山，剖面 b

图 4.38　剖面长 20m，高度 7m，地层倾角 2°，顶部被削截，灰色富含介形虫钙质泥岩与紫红色泥岩及方解石脉呈互层状，剖面 b 局部

　　图 4.39　灰色富含介形虫钙质泥岩与紫红色、灰绿色泥岩及方解石层呈互层状，位于松原市哈达山，剖面 c

　　图 4.40　方解石层厚 1~4cm，呈薄层状，分布稳定，与紫红色、灰绿色泥岩呈互层状分布，剖面 a 局部

图 4.41　密集的富含介形虫方解石层与紫红色泥岩成互层状结构，方解石层厚度 2～3cm，层密度为 3～8 层 /m，分部稳定，剖面 a 局部

图 4.42　剖面 b 顶部风化壳层，杂色泥岩与密集的薄层铁锰氧化层互层，剖面 b 局部

图 4.43　介屑泥质灰岩标本　　　　　　　　　　　　　图 4.44　含铝铁质土黄色泥岩标本

图 4.45　介屑泥质灰岩微观照片（左为单偏光，右为正交光）

介屑泥质灰岩主要由方解石、泥质及少量粉砂组成；颗粒结构，颗粒为介屑及部分介形虫，介形虫内被蛋白石、少量方解石充填；泥质部分分布于生物碎屑间，样品边部呈条带状分布，少量粉砂零散分布

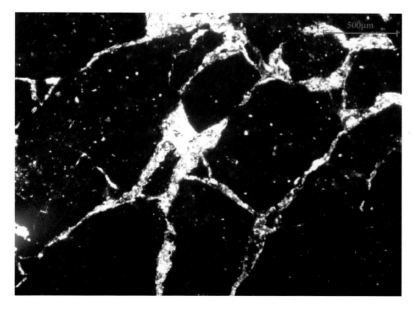

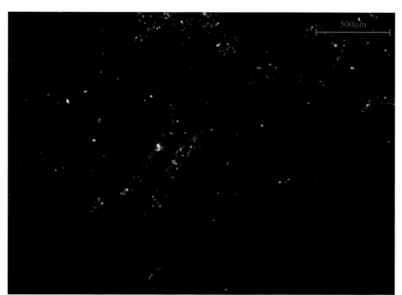

图 4.46　泥岩微观照片（左为单偏光，右为正交光）

泥岩主要由泥质、少量粉砂组成；泥质具铁染，主要为褐铁矿，少量磁铁矿，少量粉砂零散分布于泥质中；局部见少量碳酸盐；岩石破碎，形成大量网状裂隙

图 4-47 钙质粉砂岩标本

图 4-48 泥晶泥质云岩标本

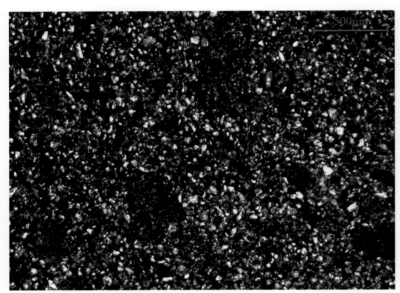

图 4-49 钙质粉砂岩微观照片（左为单偏光，右为正交光）

粉砂状结构，颗粒排列较松，孔隙发育差，泥质呈团块状分布，方解石充填孔隙

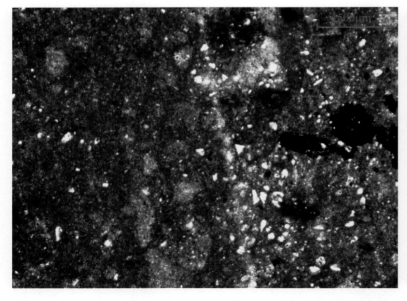
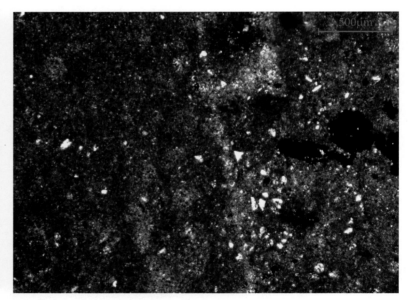

图 4.50 泥晶泥质云岩微观照片（左为单偏光，右为正交光）

主要由白云石、泥质及少量粉砂组成，泥晶结构，泥质及少量粉砂分布于泥晶白云石晶间，岩石中分布少量磁铁矿团块

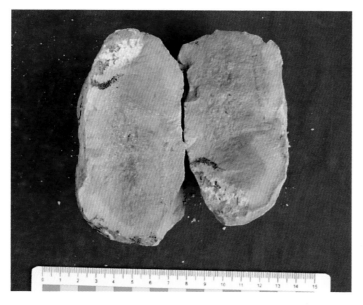

图 4.51 眼球状粉晶泥质云岩标本

图 4.52 紫色泥岩夹方解石脉

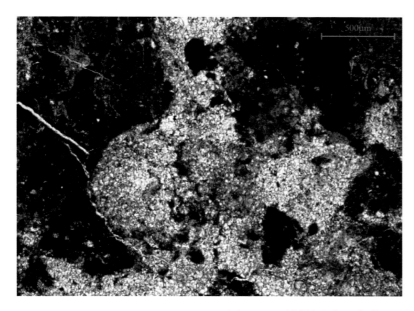

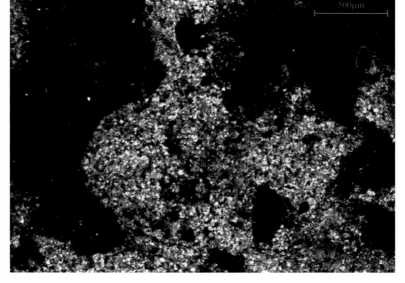

图 4.53 粉晶泥质云岩微观照片（左为单偏光，右为正交光）

主要由白云石、泥质及少量粉砂、介屑等组成；粉晶结构，粉晶白云石呈半自形紧密排列，泥质与少量介屑、粉砂相混呈不规则团块状分布于岩石中

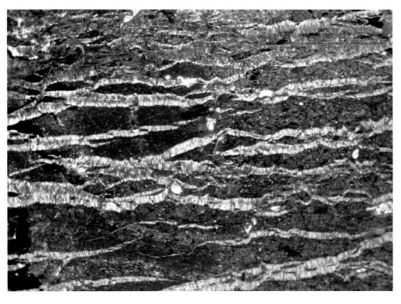

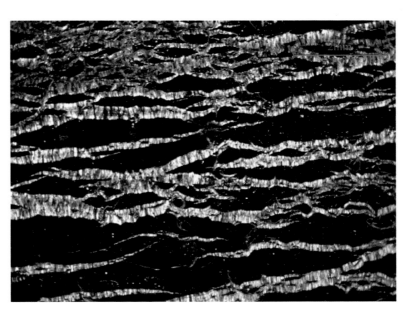

图 4.54 岩夹方解石脉微观照片（左为单偏光，右为正交光）

主要由泥质、方解石及少量粉砂、介屑组成；大量方解石脉分布于泥质中，方解石呈柱纤状，脉体宽 0.04～0.8mm，少量粉砂、
介屑及碳酸盐零散分布

图 4.55　介屑泥晶灰岩标本

图 4.56　含粉砂含介屑泥岩夹方解石层

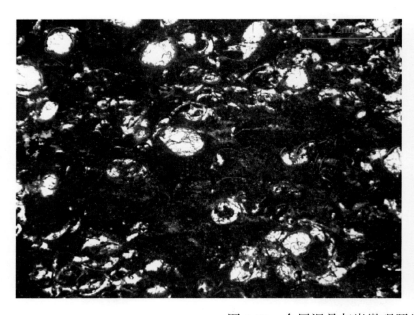

图 4.57　介屑泥晶灰岩微观照片（左为单偏光，右为正交光）

主要由泥质、方解石、介形虫、介屑及粉砂等组成；大量方解石脉分布于泥质中，方解石呈柱纤状，脉体宽 0.04～0.6mm；介形虫、介屑及粉砂零散
分布于泥质中

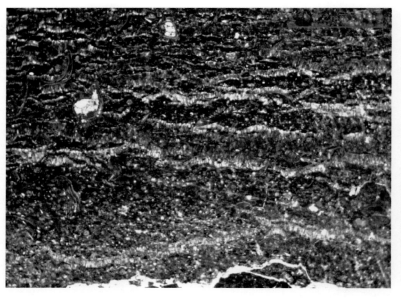

图 4.58　含粉砂含介屑泥岩夹方解石脉微观照片（左为单偏光，右为正交光）

主要由泥质、方解石、介形虫、介屑及粉砂等组成；大量方解石脉分布于泥质中，方解石呈柱纤状，脉体宽 0.04～0.6mm；介形虫、介屑及粉砂零散
分布于泥质中

图 4.59　亮晶介屑灰岩夹钙质粉砂岩　　　　　　　　　　　图 4.60　含介屑钙质粉砂岩

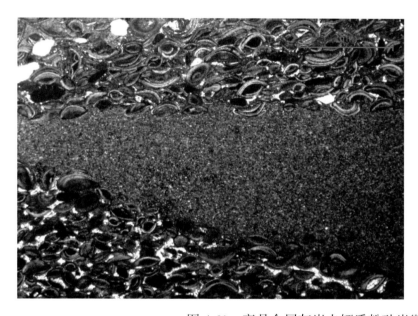 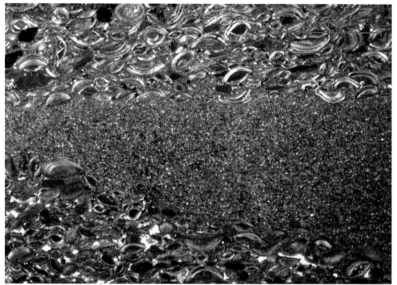

图 4.61　亮晶介屑灰岩夹钙质粉砂岩微观照片（左为单偏光，右为正交光）

主体为亮晶介屑灰岩，亮晶颗粒结构，颗粒为介形虫，颗粒间为亮晶方解石及少量泥晶方解石胶结在一起，少量蛋白石分布于颗粒间；钙质粉砂岩呈条带状分布于岩石中

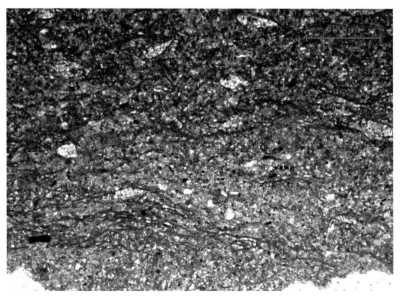 

图 4.62　含介屑钙质粉砂岩微观照片（左为单偏光，右为正交光）

粉砂状结构，颗粒排列松，孔隙发育较差；泥质呈条带状分布，方解石充填孔隙并溶蚀交代碎屑颗粒，介屑及少量介形虫具定向排列

图 4.63 含介屑钙质粉砂岩与钙质粉砂岩、泥质粉砂岩互层夹方解石脉

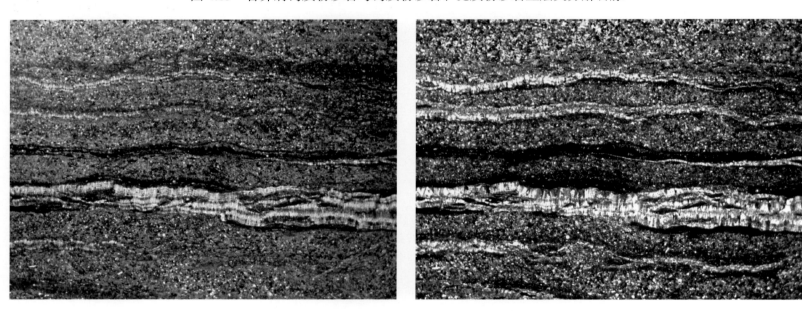

图 4.64 含介屑钙质粉砂岩微观照片（左为单偏光，右为正交光）
钙质粉砂岩互层，岩石为泥岩和钙质粉砂岩呈互层状产出，其间分布数条 0.06～0.8mm 的方解石脉

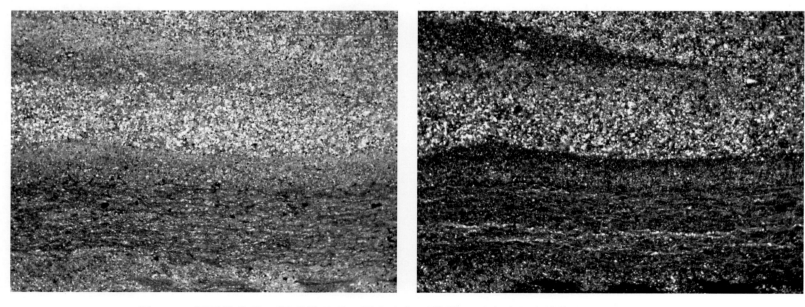

图 4.65 钙质粉砂岩、泥质粉砂岩互层夹方解石脉微观照片（左为单偏光，右为正交光）
钙质粉砂岩、泥质粉砂岩互层夹方解石脉，岩石为钙质粉砂岩和泥质粉砂岩互层，边部为泥质条带；大量方解石脉分布于岩石中，
方解石呈柱纤状，脉体宽 0.02～0.6mm

4.3 东灯楼库村周边上白垩统青山口组地质剖面

4.3.1 交通及地理位置

东灯楼库村周边地质剖面位于松辽盆地东南隆起区，距离哈达山剖面直线距离2~4km，但分属两个相邻的背斜构造。主要发育3条典型地质剖面，其中东灯楼库村采砂坑（剖面a）为人工剖面，其余2个（剖面b和剖面c）为天然冲沟形成的自然剖面，规模较小，但延伸较长（图4.66）。这三个剖面地表均为农田，有村级公路及工程用土石路通过，交通方便。剖面a坐标为：125°2′40.6″E、45°0′44.4″N，剖面b坐标为：125°3′25.8″E、45°0′19.9″N，剖面c坐标为：125°3′11.3″E、45°0′0.1″N。

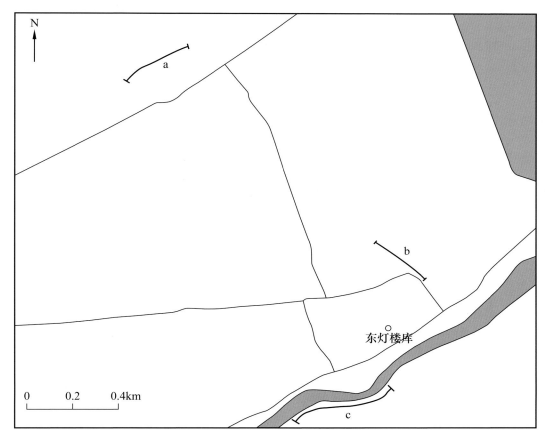

图 4.66 东灯楼库村周边地质剖面地理位置图

4.3.2 实测剖面描述

松原市东灯楼库村采沙坑剖面（剖面a）主要出露上白垩统青山口组二段，地层倾角为23°，剖面顶部发育角度不整合面，不整合面下部青山口组二段发育灰绿色泥页岩与铁锰质氧化层互层，偶见薄层凝灰岩（孙潇，2017），不整合面上部为古近—新近系浅紫色大型槽状层理铁质粗砂岩及球状紫色铁质结核构成的风化壳覆盖，厚度1~5m。松基2井就位于该剖面所在的隔壁采沙坑内，通过松基2井钻井信息证实（图4.56），该剖面出露青山口组二段，而青山口组一段深埋地下未出露，松辽盆地登娄库组就是依据松基2井钻井剖面建立的。东灯楼库村西冲沟剖面（剖面b）出露青山口组暗色、灰绿色泥页岩夹薄层土黄色粉晶云岩，显微镜下观察土黄色粉晶云岩中含碳硅石，微观薄片鉴定显示透射光下碳硅石为白色，正交光下高级干涉色亮蓝色—湖蓝色，大部分薄片中碳硅石的自形程度较差且有光性异常，部分晶体直径小于100μm。碳硅石又称穆桑石，即天然碳化硅，原生天然碳硅石是高温高压条件下的产物。东灯楼库村东冲沟（剖面c）出露青山口组二段，地层近水平展布，下部发育暗色泥页岩，中部夹有黄色凝灰岩条带，厚度约10cm，上部发育灰色、灰绿色及杂色泥页岩，凝灰岩条带为地质事件沉积界面，对地层划分对比具有标志性意义。

上白垩统青山口组发育时期属晚白垩世早期，在松辽盆地内广泛分布，地表露头见于黑龙江省宾县鸟河乡、吉林省青山口乡第二松花江沿岸等地区，为大型湖泊三角洲沉积，分布范围十分广泛，其残留地层遍布全盆地。青山口组一段为深湖相的灰黑色泥页岩夹多层油页岩，是松辽盆地坳陷层主力烃源岩层。青山口组二段、三段水体变浅，大部分为浅湖相灰绿色及暗色泥岩、钙质粉砂岩及介形虫层组成，偶夹生物灰岩、火山灰及白云岩等。

顶部以灰色、灰绿色及紫色泥岩与上覆姚家组呈整合接触。目前青山口组在盆地范围内出露的是青山口组一段上部及青山口组二段下部和中部，全组出露完整的尚未发现。

东灯楼库村周边上白垩统青山口组地质剖面上的典型剖面、地质现象及岩性的相关图片如图 4.67 至图 4.86 所示。

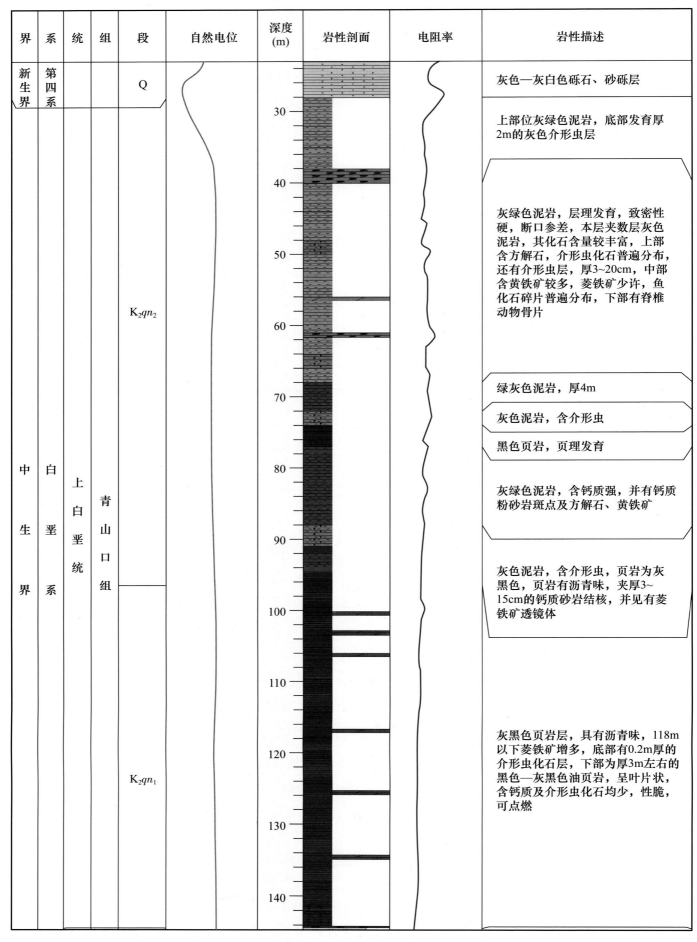

图 4.67　松基 2 井青山口组柱状图

图 4.68　上白垩统青山口组二段，岩性为灰灰绿色泥岩夹铁锰氧化层及薄层凝灰岩，剖面顶部发育齿不整合面，地层倾角为 23°，不整合面上覆浅紫色大型槽状层理铁质粗砂岩，砂岩底部为含球状紫色铁质结核的风化壳，位于东灯楼库村采坑，剖面 a

图 4.69　上白垩统青山口组二段灰绿色泥岩夹铁锰氧化层，顶部风化壳发育浅紫色大型槽状层理铁质粗砂岩，位于东灯楼库村，剖面 a 局部

图 4.70　上白垩统青山口组二段灰绿色泥页岩与铁锰氧化层互层，地层倾角约为 23°，位于东灯楼库村，剖面 a 局部

图 4.71　上白垩统青山口组泥岩与古近—新近系砂砾岩呈不整合接触，界面清晰，岩性突变，上覆古近—新近系未成岩，下部青山口组二段为灰绿色泥岩与铁锰氧化层互层，东灯楼库村，剖面 a 局部

图 4.72　青山口组二段铁锰质氧化层，位于东灯楼库村，剖面 a 局部

图 4.73　青山口组二段顶部不整合面风化壳发育的球状铁质结核壳层，位于东灯楼库村，剖面 a

图 4.74　青山口组二段顶部不整合面风化壳铁锰质含砾粗砂岩，位于东灯楼库村，剖面 a

图 4.75　青山口组二段顶部风化壳黄棕色泥质不等粒砂岩，位于东灯楼库村，剖面 a

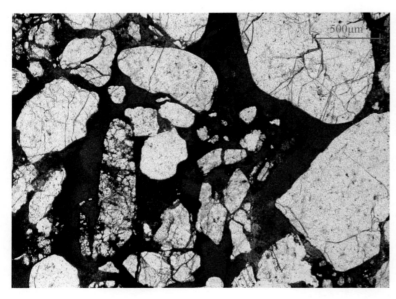

图 4.76　泥质不等粒砂岩显微镜下照片（左为单偏光，右为正交光）
不等粒砂状结构，颗粒排列较松，孔隙发育差，大小颗粒杂乱分布。泥质具铁染充填于颗粒间，岩块主要为（碎裂）花岗岩、流纹岩等

图 4.77 青山口组二段，暗色及灰绿色泥页岩夹土黄色云岩及铁锰氧化层，位于东灯楼库村西冲沟，剖面 b 局部

图 4.78 青山口组二段土黄色粉晶云岩

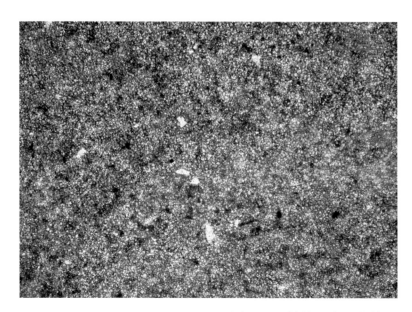

图 4.79 粉晶云岩显微镜下照片（左为单偏光，右为正交光）

显微镜下可见粉晶白云石颗粒，白云石颗粒紧密排列，颗粒形态以浑圆状、六边形为主，晶型较好

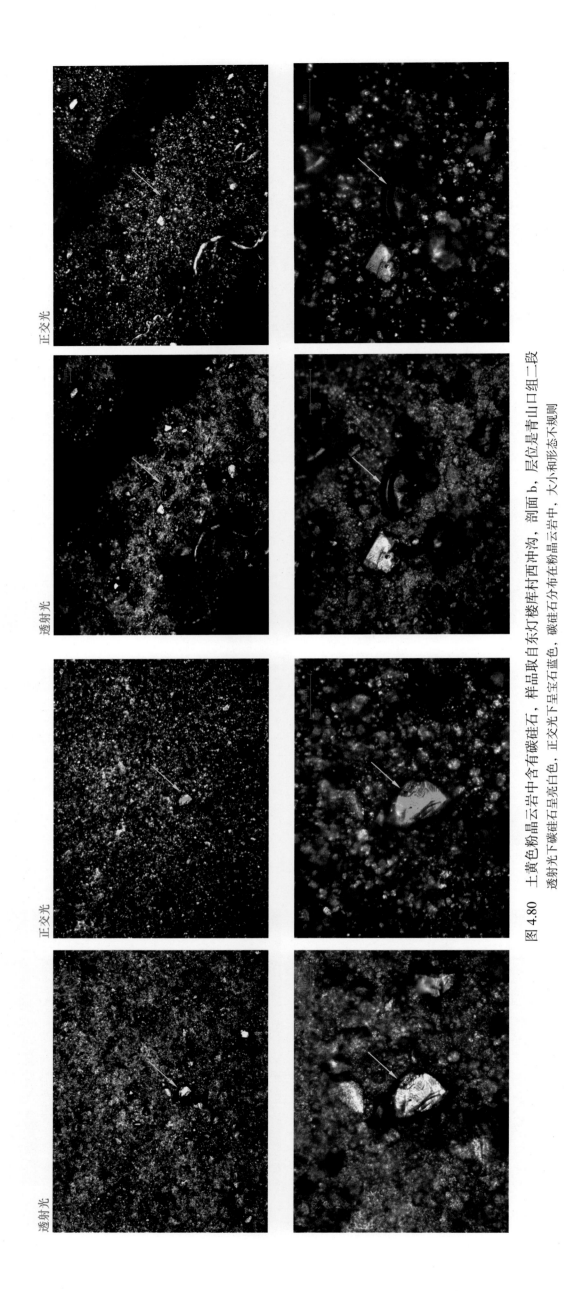

图 4.80　土黄色粉晶云岩中含有碳硅石，样品取自东灯楼库村西冲沟，剖面 b，层位是青山口组二段

碳硅石分布在粉晶云岩中，大小和形态不规则

透射光下碳硅石呈亮白色，正交光下呈宝石蓝色

图 4.81 青山口组二段土黄色含碳硅石粉晶云岩

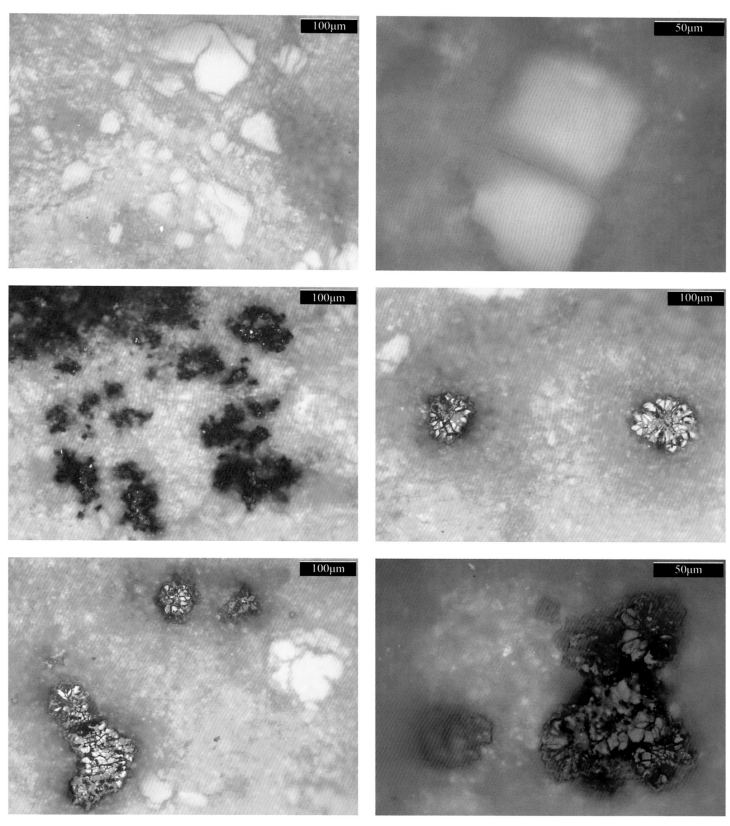

图 4.82 含碳硅石粉晶云岩显微镜下照片，碳硅石荧光下呈现高级白色，分布于粉晶白云石中间

129

图 4.83　上白垩统青山口组二段，地层近水平展布，下部发育暗色泥页岩，中部夹有黄色凝灰岩条带，上部发育灰色、灰绿色及杂色泥页岩，凝灰岩条带为地质事件沉积界面，对地层划分对比具有标志性意义，位于东灯楼库村东冲沟，剖面 c

图 4.84　剖面下部发育暗色泥页岩，中部发育凝灰岩条带，上部发育灰色、灰绿色及杂色泥页岩，位于东灯楼库村东冲沟，剖面 c 局部

图 4.85　青山口组二段泥页岩中夹土黄色凝灰岩条带，厚度约 10cm，东灯楼库村东冲沟，剖面 c 局部

图 4.86　剖面总体向上体现水体变浅的特征，凝灰岩条带为地质事件沉积界面，区域上分布稳定，东灯楼库村东冲沟，
剖面 c 局部

5 吉林省公主岭市地质剖面

5.1 刘房子街道扩达砖厂上白垩统姚家组剖面

5.1.1 交通及地理位置

该剖面位于松辽盆地东南隆起区的吉林省公主岭市刘房子街道扩达砖厂附近（图5.1），是一个人工挖掘出来的露头，剖面高度约13m，其延伸长度510m。附近有县级公路通过，剖面下有工程土石路可通行，交通便利，坐标为124°56′7.6″E、43°37′30.6″N。

5.1.2 实测剖面描述

吉林省公主岭市刘房子街道扩达砖厂剖面，属于上白垩统姚家组，剖面左段紫色泥岩夹厚层灰白色钙质细砂岩，具大型斜层理，泥岩含钙质团块及砂质条带，整体成岩作用较弱，属河流相（图5.2）。剖面中段为大型斜层理灰白色钙质细砂岩，具冲刷面，上覆紫色含钙质团块泥岩，下伏暗色泥岩，河流相（图5.3）。剖面右段为紫色泥质含砾砂岩夹灰白色砂质条带，发育大型斜层理，发育冲刷面，下伏平行层理灰白色粉细砂岩（图5.4和图5.5）。剖面整体为紫色基调，化石及植物碎屑稀少，紫色泥岩中可见钙质团块，灰白色粉细砂岩含钙质，单层砂岩较厚，一般为1～2m，砂砾岩含泥质较重，砾石一般沿层理定向排列，呈现高能河流相的地质特征。

该剖面为姚家组河流相沉积环境，发育河床、堤岸和河漫3个沉积亚相，河床以点坝沉积为主，具有大型槽状交错层理，岩性以灰白色粉细砂岩为主，砾石等粗碎屑物留在河床底部形成了河道滞留沉积；堤岸亚相发育决口扇沉积，表现为大段紫红色泥岩中的薄层灰白色粉砂岩—细砂岩沉积物，呈扇形或楔形分布；河漫沉积以河漫滩沉积为主，发育紫红色泥岩、紫红色粉砂质泥岩。紫红色泥岩的普遍发育代表了当时处于以氧化作用为主的炎热干旱气候环境。

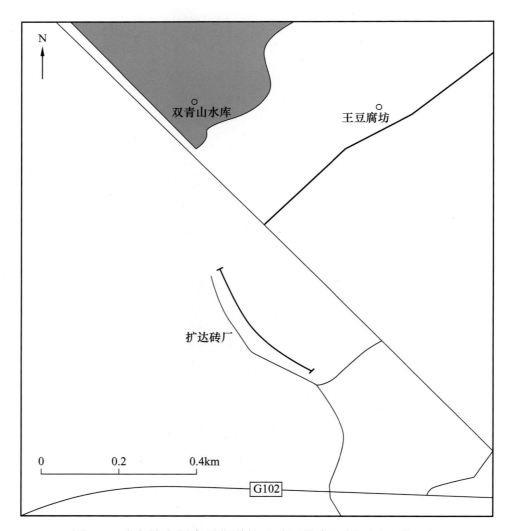

图5.1 公主岭市刘房子街道扩达砖厂姚家组剖面地理位置图

图 5.2　上白垩统姚家组，紫色泥岩夹厚层灰白色钙质细砂岩，具大型斜层理，泥岩含钙质团块及砂质条带，整体成岩作用较弱，属河流相，位于吉林省公主岭市刘房子街道扩达砖厂，剖面左段

133

SE →

紫色泥岩

暗色泥岩

砂岩

暗色泥岩

紫色泥岩

图 5.3　上白垩统姚家组，大型斜层理浅灰白色钙质细砂岩，具冲刷面，上覆紫色含钙质团块泥岩，下伏暗色泥岩，河流相，位于吉林省公主岭市刘房子街街道扩达砖厂，剖面中段

图 5.4　紫色泥质含砾砂岩，夹灰白色砂质条带，发育大型斜层理，位于吉林省公主岭市刘房子街道扩达砖厂，剖面右段

图 5.5　大型斜层理泥质含砾砂岩，发育冲刷面，下伏平行层理灰白色粉细砂岩，位于吉林省公主岭市刘房子街道扩达砖厂，剖面右段局部，本图为图 5.4 黄框处

5.2 山根底下村上白垩统泉头组地质剖面

5.2.1 交通及地理位置

该剖面位于松辽盆地东南隆起区的吉林省公主岭市山根底下村附近（图5.6），是劈山开路遗留下的半壁山型人工剖面，现被水泥管道厂占用，有县级公路从剖面下通过，交通便利。剖面整体出露较好，可进行近距离观察和层位追踪，延伸长度400m，高度约15m，坐标为124°51′1.2″E、43°34′17.0″N。

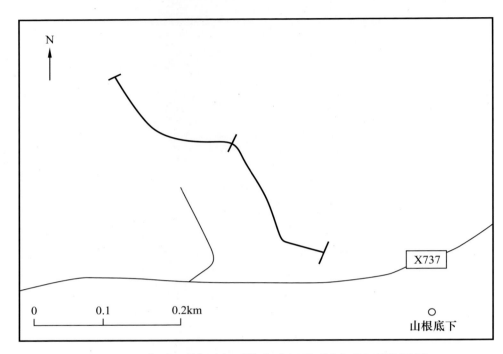

图5.6　山根底下村下白垩统泉头组地质剖面地理位置图

5.2.2 实测剖面描述

山根底下剖面构造上位于松辽盆地东南隆起区，地理上位于吉林省公主岭市山根底下村，属于下白垩统泉头组，地层倾角3°～5°。岩性上紫色泥岩与灰白色钙质砂岩交互分布，砂岩可见底砾，发育大型槽状交错层理、斜层理及韵律层理，沿层理面可见紫色泥质纹层，泥质夹层中可见小型波状及脉状层理。单层砂岩厚度0.5～2.0m（图5.7和图5.8）。紫色泥岩含钙质结核，可见植物碎屑及恐龙骨骼化石，砂岩层面可见底流波痕，判断整体为水下扇沉积，砂体向上具有正旋回特征（图5.9至图5.11）。通过剖面描述分析，该剖面泉头组沉积物的粒度较粗，说明当时这一地带地形相对较高，水体较浅，距离物源近，沉积速度快。水下扇沉积说明当时为河控型沉积体系，底流波痕的存在表明当时湖泊自身可能存在环流或沿岸流。岩石颜色以棕黄色、紫色为主，表明泉头组沉积时期主要为氧化环境为主的炎热干旱气候，韵律层理的发育代表了短期的气候频繁变化及搬运能量的频繁波动（刘朋元等，2015）。

SE

图 5.7　下白垩统泉头组，紫色泥岩与灰白色钙质砂岩交互分布，单层砂岩厚度 0.5～1.5m。紫色泥岩含钙质结核，可见恐龙骨骼化石，砂岩层面可见底流波痕，地层倾角 3～5°，整体为水下沉积，扇体向上具有正旋回特征，剖面左段，位于吉林省公主岭市山岭底下村，剖面左段，右视图

SE

图 5.8　下白垩统泉头组，紫色泥岩与灰色钙质砂岩互层，砂岩可见底砾，发育大型槽状及斜层理，单层厚度 1～2m，在右侧可见粗砂岩及砂砾岩。紫色泥岩含钙质结核，地层倾角 3°～5°，出露部分属于水下扇沉积，扇体向上具有正旋回沉积特征，剖面右段，位于吉林省公主岭市山根底下村，剖面右段，左视图

含砾灰色钙质砂岩中发育的槽状层理

紫色泥岩中发育的钙质结核

钙质粉砂岩中发育的底流波痕

钙质粉砂岩中发育的脉状层理及底流波痕

紫红色泥岩中出土的恐龙关节化石

紫红色泥岩中出土的动物骨骼化石

图 5.9　山根底下村上白垩统泉头组地质剖面中的典型地质现象及典型特征

图5.10　砂岩发育大型槽状层理及冲刷面，沿层理面可见紫色泥质纹层，泥质夹层中可见小型波状及脉状层理，山根底下剖面局部

发育的向上变细的砂砾岩韵律层理

山根底下剖面局部放大，砂砾岩夹紫红色泥岩为主要
岩性，发育韵律层理及交错层理

山根底下剖面砂砾岩韵律层理

图5.11　山根底下村上白垩统泉头组地质剖面中的韵律层理

5.3 卡伦水库上白垩统嫩江组地质剖面

5.3.1 交通及地理位置

公主岭市卡伦水库剖面位于松辽盆地东南隆起区的吉林省公主岭市卡伦水库田家屯（剖面a）及尹家屯（剖面b）附近，水库沿岸地带发育良好的地质剖面，剖面均为湖水及入湖河流冲刷形成的自然露头，有村级公路绕过，但剖面周围是农田和堤岸，不便于通行（图5.12）。剖面a坐标为124°53′5.7″E、43°38′51.1″N，剖面b坐标为124°51′57.2″E、43°39′37.6″N。

5.3.2 实测剖面描述

公主岭市卡伦水库田家屯剖面（剖面a）及尹家屯剖面（剖面b）均属于上白垩统嫩江组，但田家屯剖面属于嫩江组上部，相当于嫩江组三段，而尹家屯剖面相当于嫩江组二段。尹家屯剖面整体属于湖相沉积地层，岩性以灰黑色泥岩及灰绿色泥质灰岩为主，夹介形虫灰岩层，介形虫灰岩层厚度10~25cm，分布稳定，虫体完整，可见钙质胶结，风化面呈土黄色，内部新鲜断面呈灰色。古生物以介形虫、叶肢介和藻类为主，偶见鱼类和其他生物化石。

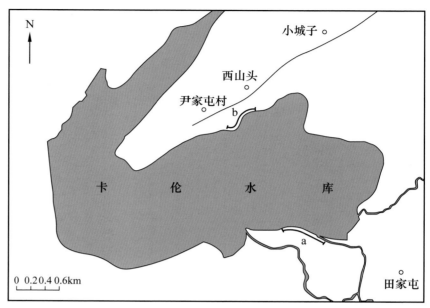

图 5.12 卡伦水库上白垩统嫩江组地质剖面地理位置图

田家屯嫩江组三段剖面以黄色粉砂质泥岩、紫色泥岩、黄棕色泥岩、杂色泥岩与紫红色泥岩交互分布，可见透镜状重力流水道沉积含砾砂岩夹于杂色水平层理泥岩中，具冲刷面，发育斜层理，钙质胶结，砾石磨圆度较差，整体为块状层理，底部发育冲刷面，可见滞留沉积，下伏水平层理杂色泥岩。杂色泥岩夹粉砂岩发育水平层理，钙质胶结，遇酸反应强烈，成岩作用较弱。含砾砂岩中包含的泥砾，外层氧化后形成铁质包壳。砂砾岩中的钙质团块，风化后具蜂窝状。含钙粗中粒长石岩屑砂岩颗粒排列较松，大小颗粒穿插，少量泥质具重结晶，方解石呈嵌晶状充填孔隙，岩块以泥晶碳酸盐岩、硅质岩、片岩等变质岩为主。含砾粉砂质中粉晶灰岩主要由方解石、粉砂及少量白云石组成，中粉晶结构，方解石晶粒从粉晶—中晶不等，粉砂及少量白云石零散分布于方解石间，见裂缝、孔洞被方解石充填（图5.13至图5.23）。

尹家屯嫩江组二段剖面以暗灰色泥页岩为主，夹介形虫灰岩层，属于湖相沉积地层。介形虫灰岩风化面呈土黄色，内部新鲜断面呈暗灰色，介形虫体完整，颗粒状明显，遇盐酸剧烈反应，说明属于近源或原地埋藏。古生物以介形虫、叶肢介和藻类为主，偶见鱼类和其他生物化石（闫晶晶等，2007；高有峰等，2010）。剖面底部介形虫灰岩层，具水平层理，厚度10~25cm，分布稳定，介形虫体完整，钙质胶结，遇酸反应剧烈。浅黄色含介形虫钙质粉砂岩，表面为沿水平层理发育的方解石薄层，粉砂状结构，颗粒排列松，大小颗粒穿插，方解石呈嵌晶状充填孔隙并溶蚀交代碎屑颗粒，少量云母、介屑零星分布，岩石因风化及含有杂质呈浅黄色（图5.24至图5.30）。

嫩江组沉积时期属于松辽盆地裂后热沉降阶段的后期，嫩江组一段沉积时期松辽盆地进入大型坳陷发展的第二个全盛时期，发育半深湖—深湖相及大型三角洲相。嫩江组二段、三段发育以东部物源为主的大型三角洲和湖相沉积体系，在三角洲前缘及湖相区有滑塌扇发育，此时期是盆地由东向西逐渐萎缩的阶段，沉积和坳陷中心随着东部物源的推进向西迁移。因此，形成了从东向西不断前积的地层结构及自下而上由细到粗的反旋回沉积特征（张顺等，2012）。

图 5.13　上白垩统嫩江组三段，从下到上依次为黄色粉砂质泥岩、紫色泥岩、黄棕色泥岩、杂色泥岩与紫红色泥岩交互分布，位于吉林省公主岭市卡伦水库田家屯，剖面 a 左段，右视图

图 5.14　上白垩统嫩江组三段，黄灰色粉砂岩与紫色粉砂质泥岩混杂分布，位于吉林省公主岭市卡伦水库田家屯，剖面 a 中段，正视图

图 5.15　上白垩统嫩江组三段，土黄色粉砂岩与紫色泥岩混杂分布，位于吉林省公主岭市卡伦水库田家屯，剖面 a 右段，左视图

图 5.16　重力流砂砾岩，砾石磨圆度较差，整体为块状层理，底部发育冲刷面，下伏水平层理杂色泥岩，剖面 a 右段局部，本图
为图 5.15 黄框处

图 5.17 嫩江组三段杂色泥岩夹粉砂岩，发育水平层理，钙质胶结，遇酸强烈反应，成岩作用较弱，剖面 a 局部

图 5.18 透镜状砂岩夹于杂色水平层理泥岩中，具冲刷面，发育斜层理，钙质胶结，重力流水道沉积，剖面 a 局部

河道砂岩发育的斜层理

含砾砂岩中包含的泥砾，外层氧化后形成铁质包壳

钙质胶结的砂砾岩，砾石具棱角状

含砾水道砂岩发育的小型槽状层理

砂砾岩中的钙质团块，风化后具蜂窝状

钙质胶结的含砾粗砂岩

图 5.19　河道滞留沉积层理结构及岩性特征

图 5.20　含钙粗中粒长石岩屑砂岩　　　　　　　　　　　图 5.21　含砾粉砂质中粉晶灰岩

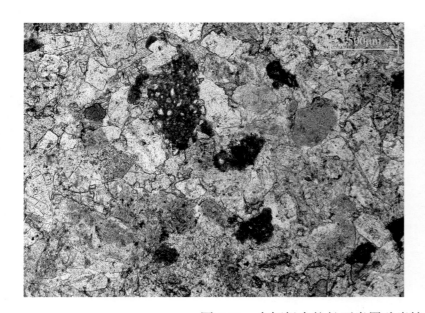

图 5.22　含钙粗中粒长石岩屑砂岩镜下照片（左为单偏光，右为正交光）

粗砂质中砂状结构，颗粒排列较松，大小颗粒穿插，少量泥质具重结晶，方解石呈嵌晶状充填孔隙，岩块以泥晶碳酸盐岩、硅质岩、片岩等变质岩为主

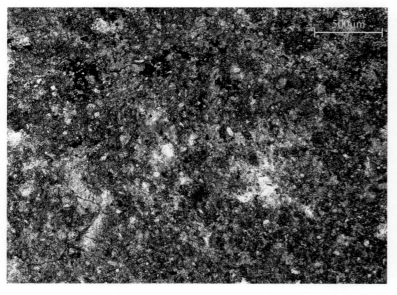

图 5.23　含砾粉砂质中粉晶灰岩镜下照片（左为单偏光，右为正交光）

主要由方解石、粉砂及少量白云石组成，中粉晶结构，方解石晶粒从粉晶—中晶不等，粉砂及少量白云石零散分布于方解石间，见裂缝、孔洞被方解石充填

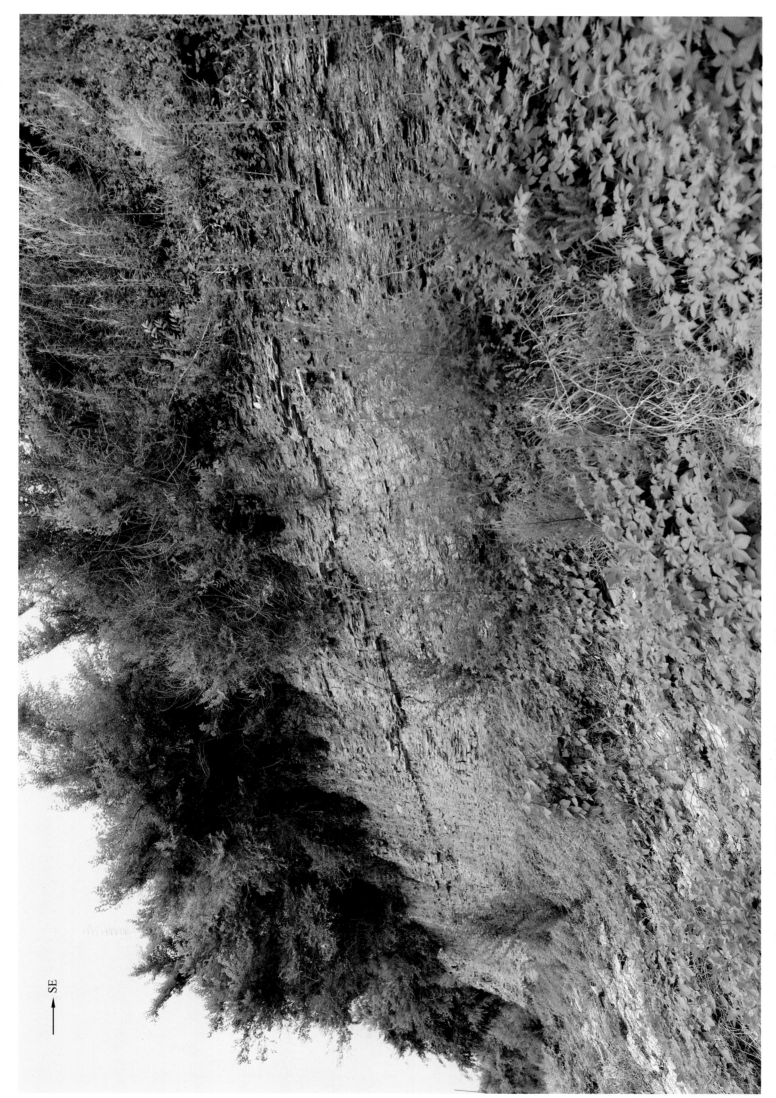

SE

图 5.24 上白垩统嫩江组二段，湖相沉积泥地层，以暗灰黑色泥页岩为主，夹介壳灰岩层，位于卡伦水库尹家屯，剖面 b 左段，左视图

图 5.25 上白垩统嫩江组二段，湖相沉积地层，岩性以灰黑色泥页岩为主，夹介形虫灰岩层，古生物以介形虫、叶肢介和藻类为主，偶见鱼类和其他生物化石，位于卡伦水库尹家屯，剖面 b 右段，右视图

图 5.26　灰色泥质介壳灰岩，钙质胶结，遇酸强烈反应，具水平层理，剖面 b 右段局部，本图为图 5.25 黄框处

图 5.27　剖面底部介形虫灰岩层，厚度 10～25cm，分布稳定，介形虫体完整，钙质胶结，剖面 b 右段局部，本图为图 5.26 黄框处

图 5.28　嫩江组介形虫灰岩，岩石风化面呈土黄色，内部新鲜断面呈暗灰色，介形虫体完整，颗粒状明显，遇盐酸剧烈反应，说明属于近源或原地埋藏，取自卡伦水库尹家屯剖面

图 5.29　嫩江组浅黄色含介形虫钙质粉砂岩，表面为沿水平层理发育的方解石薄层，因风化及含有杂质呈浅黄色，取自卡伦水库尹家屯剖面

图 5.30　含介形虫钙质粉砂岩显微镜下照片（左为单偏光，右为正交光），取自剖面 b
粉砂状结构，颗粒排列松，大小颗粒穿插，方解石呈嵌晶状充填孔隙并溶蚀交代碎屑颗粒，少量云母、介屑零星分布

5.4 靠山镇太平村下白垩统泉头组地质剖面

5.4.1 交通及地理位置

　　该剖面位于松辽盆地西南隆起区东部边缘的吉林省四平市伊通满族自治县靠山镇太平村西北方向 300m 处，整体地貌为山区，是修路开辟的半壁山型剖面，周边被农田环绕，紧邻村庄，有 Y094 乡道通过，交通便利（图 5.31）。剖面出露良好，沿公路延伸约 150m，高 5~8m，坐标为 124°58′10.2″E、43°22′35.5″N。

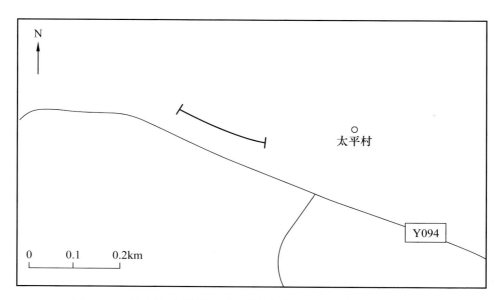

图 5.31　靠山镇太平村下白垩统泉头组地质剖面地理位置图

5.4.2 实测剖面描述

　　靠山镇太平村剖面属于下白垩统泉头组，出露紫色泥岩、含砾砂岩与暗色泥岩互层，紫色泥岩夹含砾砂岩条带，泥岩中可见钙质团块及钙质胶结的砂岩条带。剖面上部紫色泥岩与灰色砂砾岩突变接触，紫色泥岩包裹透镜状重力流水道砂砾岩体，具有正韵律粒序层理特征，岩体底部发育重荷模，灰白色含砾砂岩厚度约 1m，砾石为花岗岩、闪长岩及火山岩。发育正断层，断距较小，约为 1m。剖面整体为干热氧化环境下的浅水湖泊扇三角洲及水下扇沉积体系。

　　泉头组形成于早白垩世末期，松辽盆地内广泛分布，属于浅水湖泊相、三角洲相及河流相，全组整体为红色泥质岩与灰白色、灰色砂质岩为主，底部为砾岩。泉头组一段由紫红色砾岩、灰色砂岩、杂色泥岩组成；泉头组二段为紫红色泥岩与灰或灰白色砂岩互层；泉头组三段为灰白色砂岩、紫红色泥质粉砂岩、泥岩夹灰绿色泥岩和砂砾岩；泉头组四段由灰色粉细砂岩、灰绿色粉砂质泥岩及紫红色泥岩组成。

　　靠山镇太平村下白垩统泉头组地质剖面上的典型剖面及地质现象如图 5.32 至图 5.37 所示。

图 5.32　下白垩统泉头组，剖面中间为灰白色含砾砂岩，厚度约 1m，上下为紫色泥岩，水下扇沉积，位于靠山镇太平村，剖面右段

图 5.33　下白垩统泉头组，含砾砂岩与紫色泥岩及暗色泥岩互层，近源浅水湖泊扇三角洲前缘，位于靠山镇太平村，剖面左段

图 5.34　灰色砂砾岩中含有花岗岩、闪长岩及火山岩砾石，位于靠山镇太平村，剖面局部

图 5.35　灰色砂砾岩底部发育重荷模，位于靠山镇太平村，剖面局部

图 5.36　紫色泥岩包裹重力流水道砂砾岩体，具有正韵律粒序层理特征，位于靠山镇太平村，剖面局部

图 5.37　剖面发育正断层，紫色泥岩夹含砾砂岩条带，上部与灰色砂砾岩突变接触，水下扇沉积，位于靠山镇太平村，剖面左段

154

5.5 新桥村上白垩统姚家组地质剖面

5.5.1 交通及地理位置

该剖面位于松辽盆地东南隆起区的吉林省公主岭市新桥村西北方向 001 县道旁，是开山修路形成的人工露头（图 5.38）。剖面呈北西—南东走向，长约 400m，高约 8m，顶部为农田，局部被植被覆盖，但大部分出露良好，便于观察。坐标为 124°48′34.4″E、43°33′44.5″N。

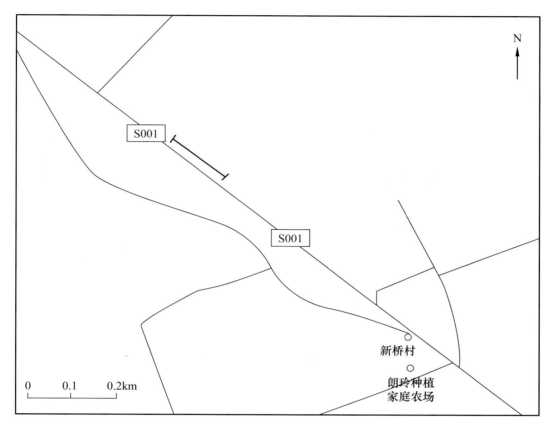

图 5.38　公主岭市新桥村上白垩统姚家组地质剖面地理位置图

5.5.2 实测剖面描述

公主岭市新桥村剖面出露地层为上白垩统姚家组，上部为紫色钙质泥岩夹砂质条带，下部为厚层灰色砂砾岩，灰色砂砾岩与紫红色钙质泥岩呈突变接触，泥岩具水平层理，灰色砂砾岩具有冲刷下切特征。地层富含灰白色钙质结核，较大的网纹状钙质结核呈圆球形，直径约 25cm，风化后泥质脱落呈蜂窝状紫红色球形骨架。砂砾岩及含砾砂岩发育大型槽状交错层理，岩层底部具冲刷面，砾岩向上粒度逐渐变细，变为砂岩，具有底粗上细的正旋回特征。底部大型槽状层理是在强水动力条件下形成的，为典型的河道亚相，河道底部冲刷面可见泥砾及钙质团块等滞留沉积。地层虽然成岩程度不高，但整体钙质含量很高，不仅泥岩富含钙质团块，且形成网纹状方解石脉，砂砾岩大多都具钙质胶结，可见大型钙质结核。地层中化石稀少，考察中未见介形虫及叶支介化石。综合分析该剖面总体属于近源浅水三角洲沉积，处于干热氧化环境。

新桥村上白垩统姚家组地质剖面上的典型剖面及地质现象如图 5.39 至图 5.45 所示。

SE

紫色泥岩夹砂质条带

图 5.39 上白垩统姚家组，下部厚层灰色钙质胶结砂砾岩，巨大型槽状层理及冲刷面。上覆紫色泥岩夹砂质条带，二者突变接触，位于吉林省
公主岭市新桥村，剖面左段，正视图

156

图 5.40 上白垩统姚家组，灰色砂砾岩底部钙质胶结，与紫红色泥岩突变接触，具有下切冲刷特征，位于吉林省公主岭市新桥村，剖面右段，右视图

图 5.41　底部具泥砾及钙质团块，中部砂岩及上覆砾岩均具大型槽状层理（斜层理），呈反旋回特征，剖面右段局部

图 5.42　灰绿色砾岩与紫红色钙质泥岩突变接触，具有冲刷下切特征，泥岩具水平层理，砾岩具有槽状层理，剖面右段局部

图 5.43　砂砾岩及粗砂岩中发育的大型槽状交错层系，下部岩性为砂砾岩，上部岩性为粗砂岩，具有正旋回特征，剖面左段局部

图 5.44 网纹状钙质结核，风化后泥质脱落，整体呈球形蜂窝状，直径约为 25cm，剖面左段风化脱落

图 5.45 紫红色钙质泥岩下脱落的灰白色砂砾岩，剖面左段地表堆积

6 吉林省长春市地质剖面

6.1 德惠市菜园子乡姚家车站上白垩统姚家组—嫩江组地质剖面

6.1.1 交通及地理位置

该剖面起始坐标为：125°53′42″E～125°53′41″E、44°47′10″N～44°47′14″N，构造上位于松辽盆地东南隆起区，地理上位于吉林省德惠市菜园子镇姚家村姚家火车站东北部2km处铁路南侧，第二松花江桥附近，有村级公路在剖面下通过（图6.1）。嫩江组露头属于较新的工程土石矿坑，地层出露良好，剖面高度可达25m，其实测剖面图如图6.2所示。姚家组剖面年龄较老，属于建组剖面，现在大部分已经风化坍塌及被植被覆盖，只有局部还能辨识出地层的原始面貌。

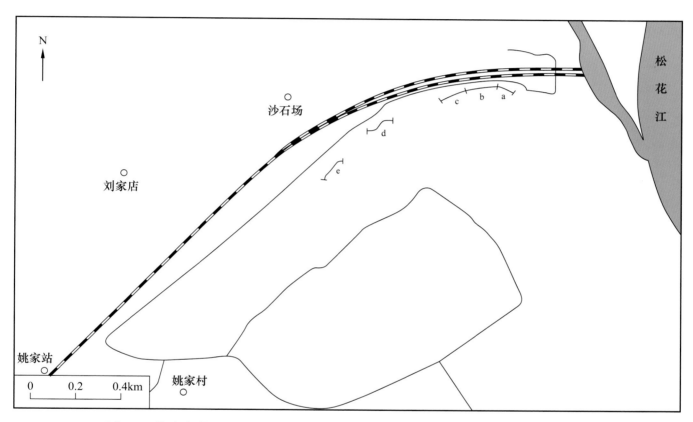

图6.1 德惠市菜园子乡姚家车站上白垩统姚家组—嫩江组地质剖面地理位置图

6.1.2 实测剖面描述

该剖面发育一套连续的姚家组—嫩江组一段沉积岩，姚家组与嫩江组发育清晰的整合地层界面，岩性由下伏姚家组的黄色粉细砂岩快速过渡为浅黄色粉砂质泥岩，在界面处突变为薄层灰绿色粉砂质泥岩，之后覆盖了一套水平层理暗色页岩。上白垩统姚家组建组剖面，岩性主要为紫红色泥岩夹灰白色钙质粉砂岩，紫红色泥岩中含钙质团块，砂岩为钙质胶结，此建组剖面由于长期风化大部分坍塌，只剩余局部可以观察到原生剖面。该剖面在姚家组之上发育了上白垩统嫩江组一段，按照岩性组合特征可分为下部深水页岩与生物岩组合、中部页岩与白云岩形成的"黏糕层"组合，上部页岩、介形虫层及鲕粒灰岩组合3套地层。

下部组合主要为深水页岩与含生物碎屑钙质页岩及粉砂岩和浊积岩组合，厚度约为5m。底部发育一套厚0.9m的深灰色泥岩，含介形虫富集薄层，以水平层理为主，为较稳定的深水沉积，可见小规模变形层理，说明当时发生过浊积事件。向上发育钙质粉砂岩，整体以大量泥质条带普遍发育的变形层理，局部可见波状纹层，厚度为0.4m，说此时水体变浅。此层之上发育厚0.7m的钙质亮纹层和有机质暗纹层构成的灰褐色钙质页岩层系，不同纹层交替出现形成宏观上的韵律层理，局部可见火山灰透镜体。向上发育厚度约1.0m的灰绿色泥质粉砂岩，发育块状层理，含少量黄铁矿结核，层面发育介形虫化石纹层，层内可见较多介形虫化石聚集，导致页岩含钙质较多，性脆而易破碎。该层上覆厚 0.4m 的水平层理深灰色泥岩，含大量平直状介形虫薄层，为稳定深水和间歇性沉积事件。该层之上发育厚 0.6m 的灰褐色钙质页岩夹薄层钙质粉砂岩，页岩含大量叶肢介及介形虫化石碎屑，构成明暗相间的纹层，呈现极为清晰的韵律层理。薄层钙质粉砂岩，含介形虫化石，底部可见重荷模，为一套浊积成因砂体。

中部组合主要为页岩中离散分布透镜状白云岩，宏观呈现"黏糕"状的地层结构，称为"黏糕层"型地层，最大厚度约 5.0m。该套地层底部为含零散分布的白云岩结核块状层理浅灰色泥岩，含黄铁矿，厚度 0.5m，上覆厚度 1.0m 的水平层理灰色页岩，夹多层介形虫层，风化后呈鳞片状，白云岩结核顺层分布，呈离散状。该层之上发育 0.07m 顺层分布的灰色白云质结核层，单体结核且大小不一，裂缝极为发育，且被亮晶方解石及硅质充填，两结核之间泥质充填，结核层上为薄层泥岩。向上为厚 1.0m 的浅灰色泥质粉砂岩，含大量介形虫富集层或透镜体，并与泥质条带形成高频互层，该层上覆厚 0.05m 的断续白云岩结核层，结核与结核之间横向距离约 1.0m，结核内部发育水平层理。之上发育厚 1.7m 的水平层理灰色页岩，可见由碎屑颗粒和介形虫组成的亮纹层与富黏土质组成的暗纹层，在该层中还存在介形虫泥岩混杂堆积，呈现块状层理特征，表明该层系以静水沉积为主，同时存在洪水成因纹层和浊积成因的泥质和介形虫混杂堆积，该层由底向上 0.3m、1.0m 及 1.4m 处发育 3 层零散分布的白云岩结核层，结核大小不一，多数顺层分布，少量结核长轴与岩层有一定夹角，为成岩结核，同时存在少量菱铁矿结核。上覆厚 0.15m 的含介形虫灰色泥质粉砂岩，夹泥质条带，发育脉状层理，形态各异、零散分布的白云岩结核沿横向追溯演变为条带，但延伸不长，同时可见菱铁矿结核。

上部组合主要为页岩、介形虫层及鲕粒灰岩层形成互层型地层结构，总厚度约为 15m。该层底部为块状层理灰色泥岩，厚度约 0.95m，夹 3 层介形虫层，横向连续性差，向上过渡为厚 0.3m 的含介形虫钙质粉砂岩，发育波纹层理，上覆厚 0.25m 的含介形虫鲕粒灰岩层，整体发育平行层理，与下伏地层呈渐变接触，与上覆呈突变接触。向上水平层理灰色页岩，厚度 0.95m，内部含黄铁矿结核，该层由底至顶为不连续介形虫事件层透镜体，有减少趋势。上覆水平层理灰色页岩与块状含介形虫灰色泥岩叠置，夹薄层白云岩及灰色钙质粉砂岩条带，厚度 1.5m，在该层底部中上部发育两套零散白云岩结核层，下部结核层横截面呈圆状，下部椭圆状，同时可见黄铁矿。向上为厚 2.4m 的灰色钙质粉砂岩，风化面呈灰绿色，含较多泥质条带，发育波纹层理及脉状层理，并普遍含有黄铁矿富集层，发育于粉砂岩层面之上，氧化后呈红褐色。上覆块状层理灰色泥岩，厚度约为 0.8m，风化面为灰绿色，下部含较多介形虫化石，并夹有多层介形虫条带，上部含有一层断续分布白云岩结核，平层层理灰色含介形虫鲕粒灰岩，厚度约为 0.6m，与下部冲刷接触关系。向上过渡到水平层理含大量介形虫灰色页岩与波状层理灰色泥岩、块状层理含介形虫钙质粉砂岩互层，夹零散分布灰色白云岩结核层及横向展布较稳定的灰色白云岩薄层，同时可见分布稳定的介形虫条带，总厚度约为 9m，该套地层风化后为深浅不一致的土黄色，所以总体视觉上具有浅色的韵律感，上覆第四系为未成岩风化土。

德惠市菜园子乡姚家车站上白垩统姚家组—嫩江组地质剖面上的典型剖面、地质现象和岩性的相关图片如图 6.3 至图 6.25 所示。

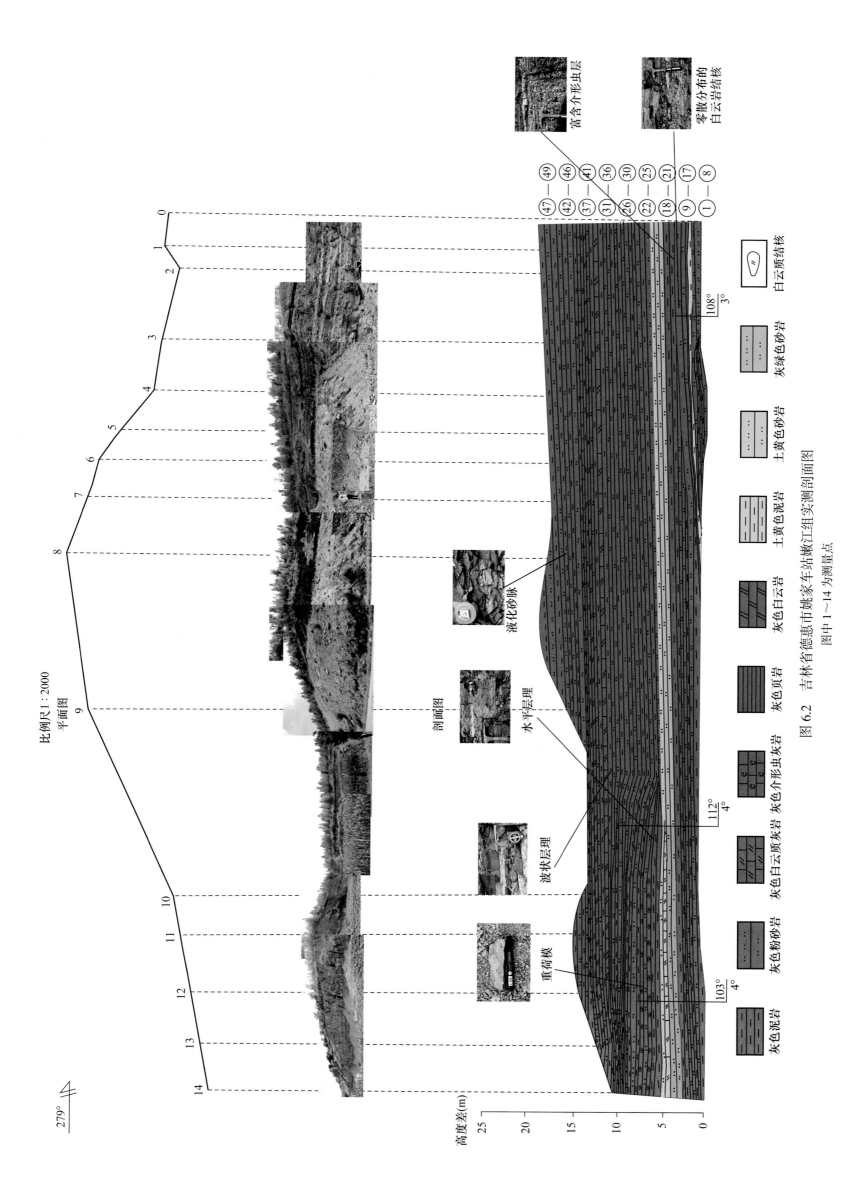

图 6.2 吉林省德惠市姚家车站嫩江组实测剖面图

图中 1～14 为测量点

平面图

比例尺 1：2000

279°

剖面图

液化砂脉

水平层理

波状层理

重荷模

富含介形虫层

零散分布的
白云质结核

白云质结核

灰绿色砂岩

土黄色砂岩

土黄色泥岩

灰色白云岩

灰色页岩

灰色介形虫灰岩

灰色白云质灰岩

灰色粉砂岩

灰色泥岩

高度差 (m)

图 6.3　上白垩统嫩江组一段，厚层水平层理泥页岩夹鲕粒灰岩层，介形虫层及白云岩互层，属于湖相沉积环境，位于吉林省德惠市菜园子乡姚家站，剖面 a，正视图

164

NEE

灰色泥页岩
灰色泥页岩
灰色泥岩
泥质白云岩
灰色泥岩
灰色泥页岩
泥质白云岩
灰色泥页岩
加厚泥页岩
灰色泥页岩

图6.4　上白垩统嫩江组一段，厚层水平层理泥页岩夹鲕粒灰岩层，介形虫灰岩及白云岩互层，属于湖相沉积环境，位于吉林省德惠市菜园子乡姚家站，剖面 b，正视图

NE

图 6.5　上白垩统嫩江组一段，厚层水平层理泥页岩夹鲕粒灰岩层，介形虫岩层及白云岩岩互层，属于湖相沉积环境，吉林省德惠市菜园子乡姚家站，剖面 c，左视图

鲕粒层，厚度45cm，具波状层理，剖面a局部

鲕粒层，厚度72cm，具波状层理，剖面a局部

鲕粒层，厚度20cm，具波状层理，剖面a局部

块状鲕粒灰岩层，厚度39cm，横向分布稳定，具有可对比性，剖面a局部

图 6.6　剖面 a 上的鲕粒灰岩层局部的地质现象

图 6.7　脱落的鲕粒灰岩块，由于大气及水的渗入遭受氧化，形成同心环状的李泽冈环结构，取自剖面 b

(a) 波状层理棕色鲕粒灰岩，上覆薄层灰色介屑灰岩，
下部卷入的介屑灰岩碎块

(b) 褐色鲕粒灰岩

(c) 黄棕色鲕粒灰岩

(d) 灰色含介形虫鲕粒灰岩

图 6.8　剖面 b 上的鲕粒灰岩层局部放大

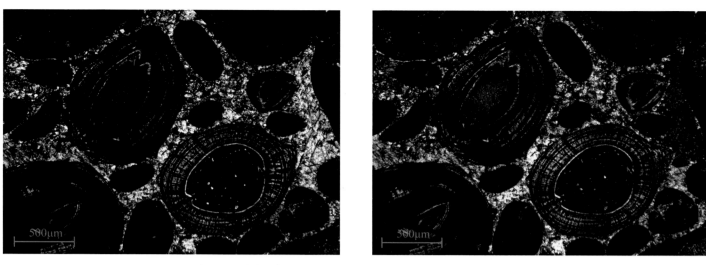

(a) 嫩江组棕色鲕粒灰岩微观薄片照片 （左为单偏光，右为正交光）

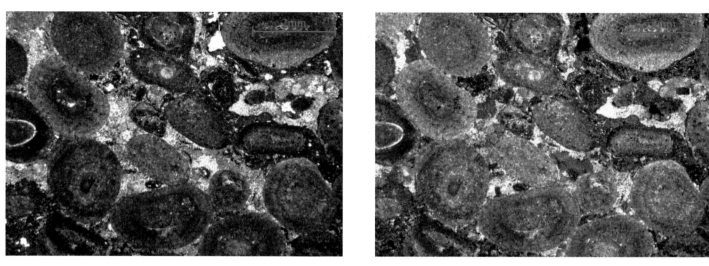

(b) 嫩江组褐色鲕粒灰岩微观薄片照片 （左为单偏光，右为正交光）

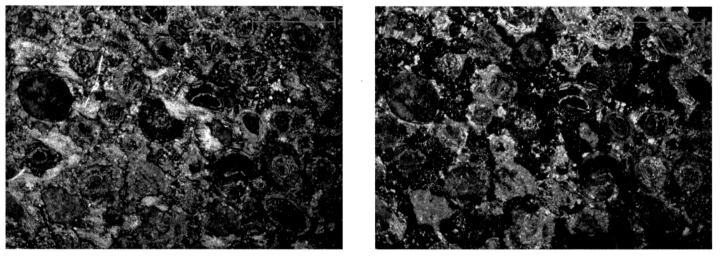

(c) 嫩江组黄棕色鲕粒灰岩微观薄片照片 （左为单偏光，右为正交光）

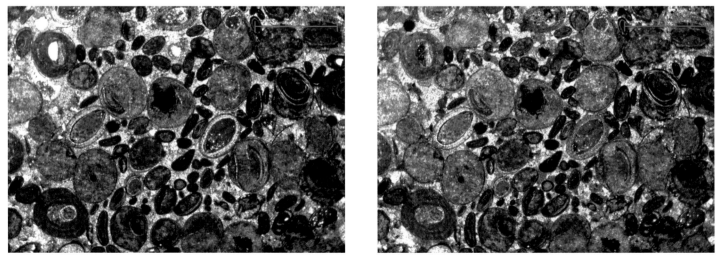

(d) 嫩江组灰色含介形虫鲕粒灰岩微观薄片照片 （左为单偏光，右为正交光）

图 6.9　嫩江组典型的鲕粒灰岩微观照片，本图（a）～（d）与图 6.8（a）～（d）一一对应

图6.10 沿层发育的离散型透镜状及眼球状白云岩与页岩互层，形成"黏糕状"地层结构，称为"黏糕层"，剖面b局部

图 6.11　沿层发育的"串珠"状白云岩层与暗色页岩及介屑灰岩层形成互层状地层结构，剖面 b 局部

图 6.12　沿层发育的透镜状白云岩，剖面上呈"串珠"状，平面上呈不规则网状，同时岩层中网纹状垂直裂缝发育，剖面 b 局部

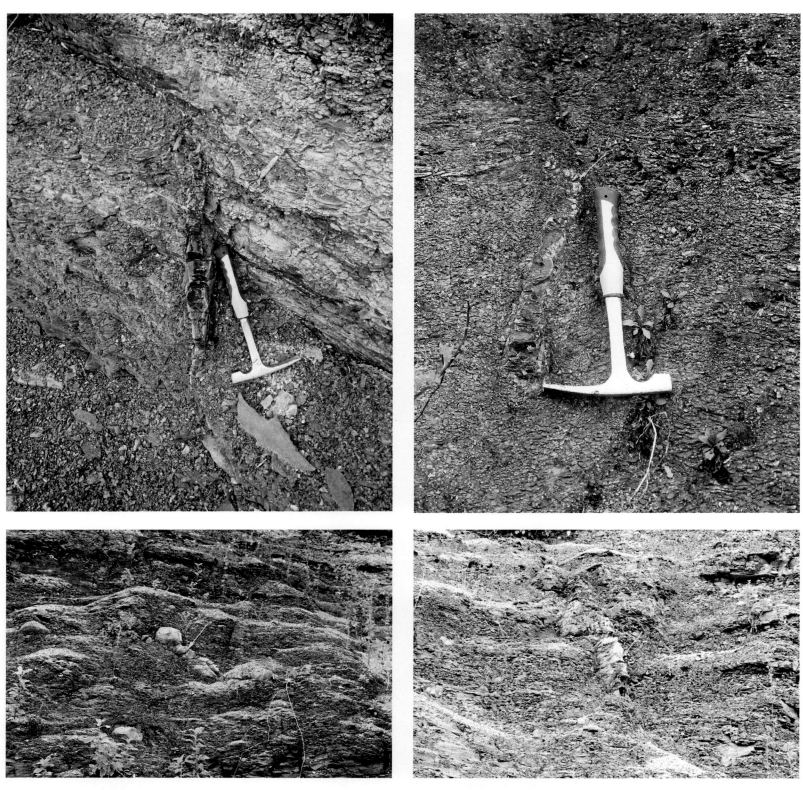

图 6.13　沿裂隙生长的长条形不规则状白云岩，这些白云岩长轴与地层斜交或垂直，属于成岩后生成的类型，剖面 b 局部

图 6.14　沿裂隙生长的不规则圆形白云岩，其与透镜状或眼球状不同，类似于团块状，其长轴不平行于地层层面，一般于裂隙相
伴生，属于后生型白云岩，剖面 b 局部

(a) 透镜状泥粉晶泥质云岩，被网格状裂缝切割，形成龟裂型顶面

(b) 透镜状泥粉晶含泥云岩，被放射状裂缝切割，形成龟背型顶面

(c) 眼球状粉晶含泥云岩，断面呈现不同颜色的圈层结构

(d) 眼球状泥粉晶含泥云岩，裂缝较少，且不具有穿透性

(e) 橄榄球状白云岩，裂缝较少，不具有穿透性

(f) 不规则形状白云岩，受围岩空间限制，导致形状不规则

图 6.15　剖面 b 中的不同形状的白云岩结核

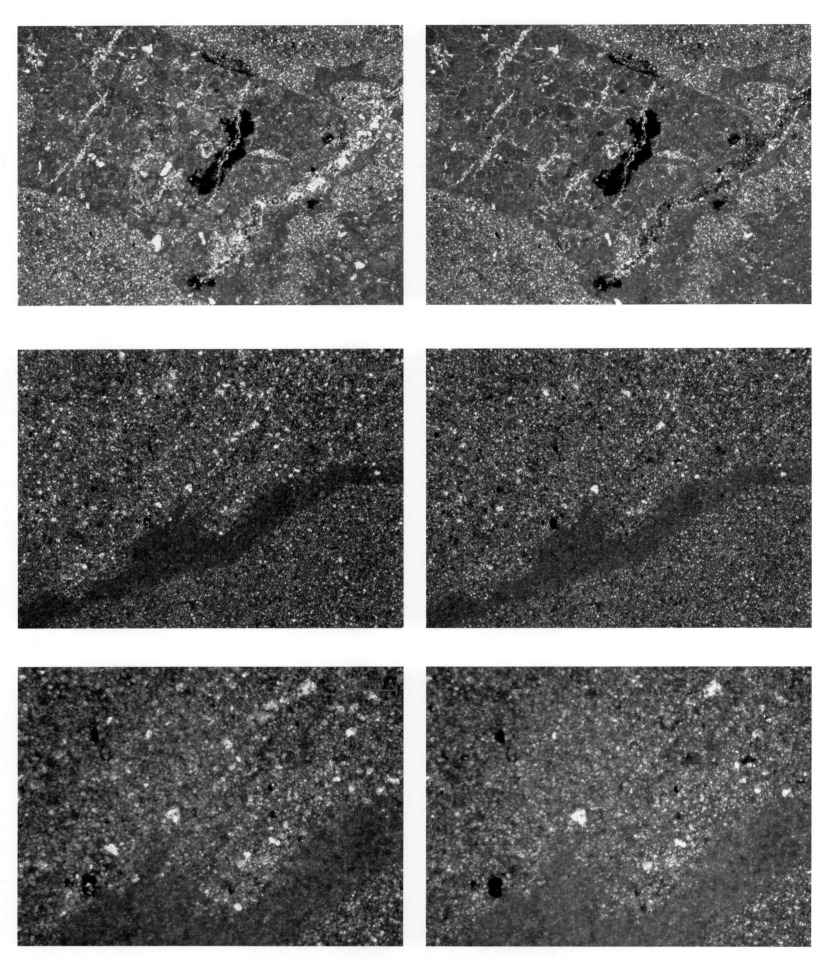

图 6.16 嫩江组泥质云岩微观薄片照片（同一薄片，左为单偏光，右为正交光），本图对应图 6.15（a）
泥粉晶泥质云岩，岩石主要由白云石、泥质及少量粉砂组成，泥粉晶结构，半自形白云石呈镶嵌状紧密排列，泥质多分布于白云石晶间，局部颗粒状泥质团块呈条带状富集，少量粉砂零散分布

图 6.17　嫩江组泥粉晶含泥云岩微观薄片照片（左为单偏光，右为正交光），本图对应图 6.15（b）

泥粉晶含泥云岩，岩石主要由白云石、少量粉砂、泥质组成；泥粉晶结构，半自形白云石紧密排列，泥质分布于白云石晶间，少量粉砂零星分布，岩石中见泥铁质呈条带状分布

图 6.18　嫩江组粉晶含泥云岩微观薄片照片（左为单偏光，右为正交光），本图对应图 6.15（c）

粉晶含泥云岩，岩石主要由白云石、少量粉砂、泥质组成，粉晶结构，半自形白云石紧密排列，泥质分布于白云石晶间，少量粉砂呈条带状分布

图 6.19　嫩江组泥粉晶含泥云岩微观薄片照片（左为单偏光，右为正交光），本图对应图 6.15（d）

泥粉晶含泥云岩，岩石主要由白云石、少量粉砂、泥质组成。泥粉晶结构，半自形白云石紧密排列，泥质分布于白云石晶间，少量粉砂零星分布

图 6.20　A 为灰色含粉砂泥岩，微观图片如图 6.23（a）所示；B、C 为泥岩，块状结构，微观图片如图 6.23（b）、图 6.23（c）所示

图 6.21　D 为灰色含粉砂泥页岩，页理较发育，微观图片如图 6.23（d）所示

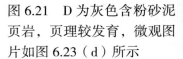

图 6.22　E 为钙质粉砂岩，微观图片如图 6.23（e）所示；F 为含碳酸盐泥岩，微观图片如图 6.23（f）所示，G 为含粉砂泥岩，微观图片如图 6.23（g）所示；页理较发育

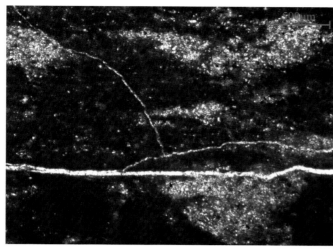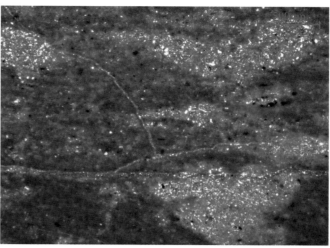

(a) 灰色含粉砂泥岩微观薄片照片（左为单偏光，右为正交光）

含粉砂泥岩，岩石主要由泥质、粉砂组成，泥质具重结晶，粉砂呈不规则团块状分布

(b) 灰色含粉砂泥岩微观薄片照片（左为单偏光，右为正交光）

岩石主要由泥质、少量粉砂、泥晶碳酸盐组成，泥质具重结晶，粉砂零散分布于泥质中，泥晶碳酸盐零散分布或呈团块状分布

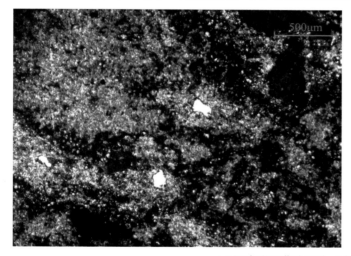

(c) 泥岩微观薄片照片（左为单偏光，右为正交光）

岩石主要由泥质、少量粉砂、泥晶碳酸盐组成，泥质具重结晶，部分具铁染，粉砂零散分布于泥质中，局部泥晶碳酸盐零散分布或呈团块状分布

(d) 灰色含粉砂泥岩微观薄片照片（左为单偏光，右为正交光）

含粉砂泥岩，岩石主要由泥质、粉砂组成，泥质具重结晶，粉砂零散分布于泥质中

图 6.23　图 6.20 至图 6.22 中岩类的微观薄片照片

177

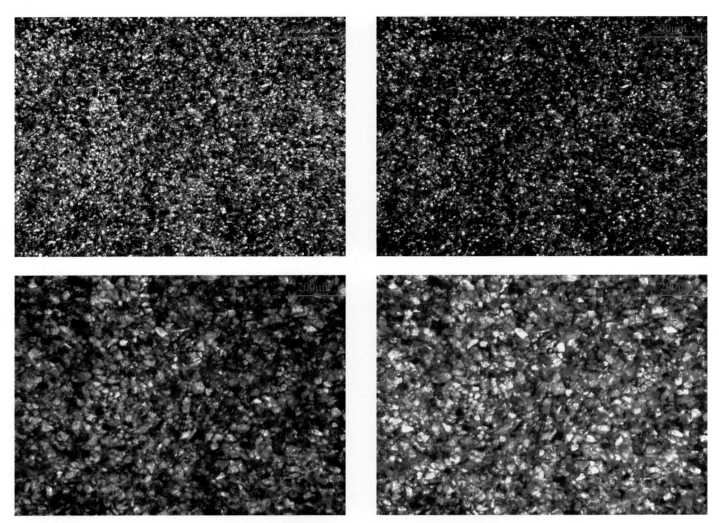

(e) 钙质粉砂岩微观薄片照片（左为单偏光，右为正交光）

钙质粉砂岩，粉砂状结构，颗粒排列较疏松，孔隙发育差，见少量泥质分布，方解石呈嵌晶状充填孔隙并溶蚀交代碎屑颗粒，分布不均，见少量铁质

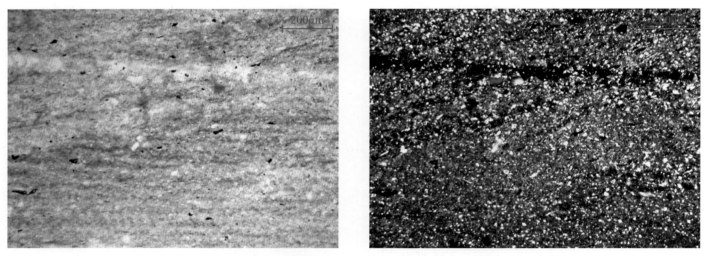

(f) 含碳酸盐泥岩微观薄片照片（左为单偏光，右为正交光）

含碳酸盐泥岩，岩石主要由泥质、碳酸盐及少量粉砂组成，泥质具重结晶，粉砂极少，泥、粉晶碳酸盐分布于泥质中，部分呈条带状分布

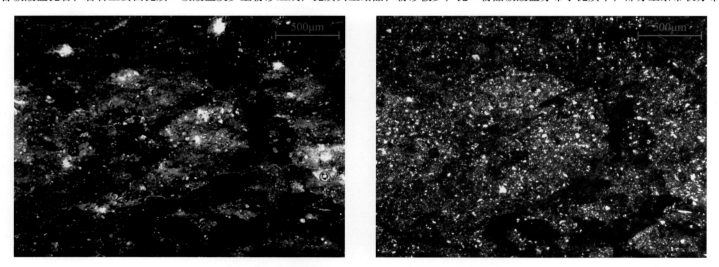

(g) 含粉砂泥岩微观薄片照片（左为单偏光，右为正交光）

含粉砂泥岩，岩石主要由泥质、粉砂组成，泥质具重结晶，粉砂多零散分布于泥质中，局部呈团块状分布

图 6.23　图 6.20 至图 6.22 中岩类的微观薄片照片（续）

图 6.24　上白垩统姚家组与嫩江组，可见姚家组与嫩江组分界面，界面以黄色粉细砂岩与暗色及灰绿色泥岩相区别，位于吉林省
　　　　德惠市菜园子乡姚家车站，剖面 d

图 6.25　上白垩统姚家组建组剖面，紫红色泥岩夹灰白色钙质粉砂岩，泥岩中含钙质团块，砂岩为钙质胶结，此建组剖面由于长
　　　　期风化大部分坍塌，只剩余局部可以观察到原生剖面，位于吉林省德惠市菜园子乡姚家站，剖面 e

6.2 农安县永安乡海青朱屯上白垩统嫩江组地质剖面

6.2.1 交通及地理位置

该套剖面位于松辽盆地东南隆起区的吉林省农安县永安乡海青朱屯及王文山屯附近（图6.26），剖面a为当地开采油页岩炼制石油形成的矿坑，周边为农田，有土石路通过，坐标为124°45′12.1″E、44°31′0.3″N。剖面b为开挖的人工渠，长度约50m，高度15～20m，无道路通过，可沿渠埂步行进入，坐标为124°44′48.9″E、44°31′10.7″N。剖面c为修筑盘山路开辟的半壁山型剖面，长度约为100m，高度约为5m，坐标为124°43′50.7″E、44°30′39.3″N。

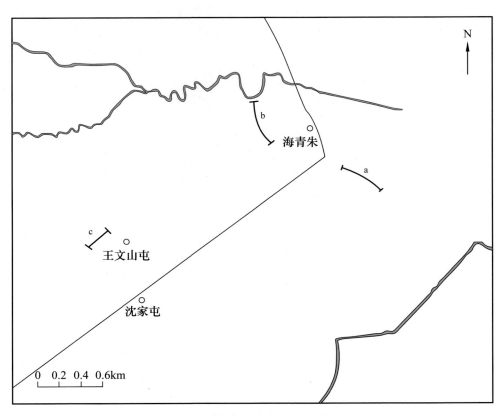

图6.26 农安县海青朱屯—王文山屯上白垩统嫩江组地质剖面地理位置图

6.2.2 实测剖面描述

1929年，谭锡畴和王恒升将黑龙江省嫩江县附近的页岩命名为"嫩江页岩系"，大体相当于现在嫩江组的一段、二段；1942年日本地质学家小林贞一等在农安县伏龙泉地区建立了"伏龙层"，相当于现今嫩江组三段、四段；后根据命名优先原则、采用"嫩江组"而弃用"伏龙泉组"。该剖面位于伏龙泉镇附近，属于嫩江组命名剖面所在地区，地层序列清晰完整，保存有丰富且完好的多门类化石，具有较高的研究价值。

剖面a位于地势较低的平原农田地带，出露的地层属于嫩江组一段上部，剖面b位于台地部位地势相对较高，属于嫩江组二段，剖面c位于台地的山顶，地层属于嫩江组三段下部。总体上该区地层处于平缓的产状，地层的划分主要受地势高低及岩性变化控制，同时三者相距不远，侧向追索，可以连续对比。

剖面a和剖面b地层总厚度为41m，含有丰富的孢粉、介形虫、叶肢介、腹足类、双壳类等化石，叶肢介化石的显微镜下照片，个体完整，纹饰清晰。岩性主要为具水平层暗色泥页岩夹少量粉砂质泥岩及凝灰质条带，凝灰岩单层厚度为1～2cm，灰色页岩属于凝灰质页岩，页岩页理发育，破碎后形成片状堆积，页理面可见密集分布的叶肢介化石（图6.27至图6.31）。泥页岩地球化学分析表明，整体成熟度低，其值仅为0.38%～0.51%，TOC值为5.62%～9.17%，平均值为7.45%，S_1含量0.17～0.51mg/g，平均值为0.31mg/g，S_2含量39.04～76.20mg/g，平均值为53.64mg/g，S_3含量0.62～1.57mg/g，平均值为1.0mg/g。

剖面c属于上白垩统嫩江组三段，上部灰色泥岩与杂色泥岩互层，属于浅水沉积环境，泥岩页理不发育，风化后成团块状，属于浅水环境，紫色属于后期沿裂缝氧化形成网纹状条带。下部暗色泥页岩，泥质较纯，属于湖泊相深水还原环境，页理较发育，风化后呈片状，局部含叶肢介化石（图6.32至图6.34）。该地区剖面总体上反映了一种半湿润的中亚热带气候面貌，发生了由温暖潮湿—炎热干旱—温暖潮湿的变化，但总体而言气候较稳定，波动较小，湖泊水体稳定，生物繁盛。

SSE

图 6.27 上白垩统嫩江组一段，暗色泥页岩夹少量粉砂质泥岩及凝灰质条带，含有丰富的孢粉、介形虫、叶肢介、腹足类、双壳类等化石，位于吉林省农安县永安乡海青末屯，剖面 a

图 6.28　暗色页岩夹薄层凝灰岩，凝灰岩单层厚度 1～2cm，灰色页岩属于凝灰质页岩，上下被暗色页岩夹持，剖面 a 局部，本图为图 6.27 黄框处

经度：124.737068
纬度：44.502262
地址：吉林省长春市农安县
海拔：163.4m

页岩页理发育，破碎后形成片状堆积，页理面可见密集分布的叶肢介化石

叶肢介个体保存完好，体长约为1cm

叶肢介化石镜下照片，个体完整，纹饰清晰

图 6.29　叶肢介化石相关组图

图 6.30 上白垩统嫩江组二段，水平层理暗色泥页岩，湖相深水沉积环境，风化作用使剖面表层黄土及植物遮盖，岸壁冲沟可见到原生剖面，位于吉林省农安县永安乡海青朱屯后山人工渠，剖面 b，正视图

图 6.31 上白垩统嫩江组二段，具水平层理暗色泥页岩，湖相深水沉积环境，位于吉林省农安县永安乡海青朱屯后山人工渠，剖面 b，右视图

图 6.32　上白垩统嫩江组三段，下部暗色泥页岩，浮土遮盖，上部灰色泥岩与杂色泥岩互层，属于浅水沉积环境，位于吉林省农安县永安乡王文山屯，剖面 c

图 6.33　暗灰色泥页岩，页理不发育，风化后成团块状，属于浅水环境，紫色属于后期沿裂缝氧化形成网纹状条带，剖面 c 局部，
本图为图 6.32 黄框处

图 6.34　下部暗色泥页岩，泥质较纯，属于湖相深水还原环境，页理较发育，风化后呈片状，局部含叶肢介化石，剖面 c 局部

6.3 农安县广元店上白垩统姚家组地质剖面

6.3.1 交通及地理位置

农安县广元店剖面位于松辽盆地东南隆起区的吉林省农安县广元店采沙场，沿松花江吉林省段干流分布（图6.35）。其中剖面a、剖面b及剖面c为修路取土形成的人工断崖，剖面d和剖面e为江水冲刷形成的天然露头，个剖面均有土石路可通行，交通方便。剖面总长约1000m，高3~20m，地层出露良好，坐标为125°45′50.5″E、44°53′29.9″N。

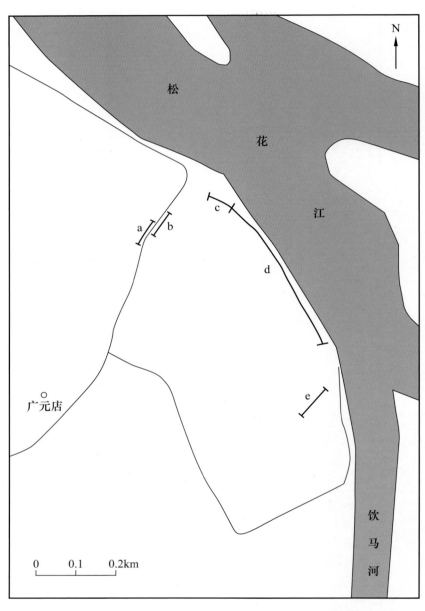

图6.35 农安县广元店上白垩统姚家组地质剖面地理位置图

6.3.2 实测剖面描述

该套剖面出露的地层为上白垩统姚家组，地层近似水平展布，侧向延伸稳定。剖面岩性主要为紫红色泥岩，单层厚度15~20cm，中间夹有厚1~5cm的灰白色凝灰岩薄层，横向上延伸较稳定。剖面可见频繁出现的含介形虫方解石薄层，方解石中溶蚀孔洞发育，单层厚度3~5cm。薄层方解石与砖红色泥岩呈"千层饼"式的叠置，叠置的泥岩发育垂直节理型裂缝，裂缝表层被氧化锰覆盖，形成似切割的砖块状，使剖面整体呈现砖墙式结构。

出露的姚家组紫色泥岩岩石X射线衍射分析结果表明，全岩矿物以石英为主，含量16.6%~38.4%，平均含量24.5%，其次方沸石，含量13.5%~15.4%，平均含量14.5%，再次为斜长石和方解石，斜长石含量10.2%~14.9%，平均含量12.9%，方解石含量5.1%~16.6%，平均含量10.8%，含有少量钾长石和黄铁矿。显微镜下薄片鉴定表明紫色泥岩主要由泥质、介屑、粉砂组成，泥质具重结晶，介屑、粉砂多零散分布于泥质中，局部粉砂与碳酸盐呈团块状分布。薄层凝灰岩全岩矿物成分主要为石英，含量达45.6%，其次为黏土矿物，含量为29.9%，再次为斜长石和钾长石，斜长石含量可达20%，钾长石含量为4.5%，薄片鉴定表明其具凝灰结构，岩石主要由晶屑及大量火山灰组成，晶屑为棱角状长英质。通过取样对剖面泥岩进行了常微量分析，Sr/Ba比值0.21~0.82，V/Cr含量为0.85~1.24。整体纯净的紫红色泥岩，使地质剖面整体呈紫红色，说明泥岩中铁含量较高，通过取样分析可知，紫色泥岩中 Fe_2O_3 含量可达6.8%~8.8%。推测该剖面姚家组沉积时期水体较浅，氧气充足。泥岩层夹大量互层状薄层方解石，经过地球化学分析方解石含量高达58.2%。上述地质描述及实验室分析表明，姚家组沉积时期广元店地区处于远物源、浅水湖泊水体处于淡水—微咸水级别、气候炎热干旱的氧化环境。

农安县广元店上白垩统姚家组地质剖面上的典型剖面、地质现象和岩性的相关图片如图6.36至图6.45所示。

NNE

古近—新近系

古近—新近系边界

姚家组

图 6.36 上白垩统姚家组与古近—新近系边界，上部黄色砂岩为古近—新近系沉积，下部紫色泥岩为姚家组沉积，二者地层呈宽变接触，可见冲刷界面。位于吉林省农安县广元店江边沙场，剖面 a

图 6.37 上覆古近—新近系黄色砂岩、下伏上白垩统姚家组厚层层紫色泥岩夹灰白色凝灰岩条带、凝灰岩条带单层厚度 2～5cm，位于吉林省农安县广元店江边沙场，剖面 b

图 6.38 姚家组灰白色凝灰岩条带，厚度约 5cm，其矿物成分主要为晶屑及大量火山灰，火山灰具黏土化，剖面 b 局部

图 6.39 姚家组灰白色凝灰岩条带，厚度 3～5cm，其矿物成分主要为晶屑及大量火山灰，火山灰具黏土化，剖面 b 局部

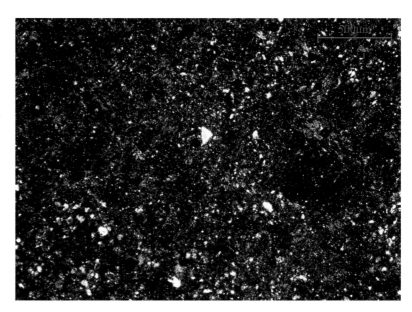

图 6.40 凝灰岩微观照片（左为单偏光，右为正交光）

凝灰岩具凝灰结构，岩石主要由晶屑及大量火山灰组成，晶屑为棱角状长英质，火山灰具黏土化

189

图 6.41　上白垩统姚家组紫红色泥岩与灰色薄层方解石条带呈互层式分布，垂直裂缝与方解石夹层将紫红色泥岩分割成"砖墙"式结构，位于吉林省农安县广元店沙场，剖面 c

图 6.42　紫红色泥岩厚度 15～20cm，薄层含介形虫方解石单层厚度 3～5cm，裂缝表层被氧化锰覆盖，剖面 c 局部

图 6.43　紫红色泥岩与方解石脉交互分布，方解石中溶蚀孔洞发育，剖面 c 局部

SE

图 6.44 上白垩统姚家组，紫红色泥岩与灰色薄层方解石条带呈互层状结构，剖面垂直裂缝发育，位于吉林省农安县厂元店沿江沙场，剖面 d

NE

图 6.45　上白垩统姚家组，紫红色泥岩与灰色薄层方解石条带呈互呈层状结构，剖面垂直裂缝发育，位于吉林省农安县广元店饮马河渡口，剖面 e

6.4　农安县青山口乡邢家店屯上白垩统青山口组建组地质剖面

6.4.1　交通及地理位置

青山口乡邢家店屯剖面构造上位于松辽盆地东南隆起区，地理上位于吉林省农安县青山口乡青山口村邢家店屯，沿着第二松花江南岸延伸，属于江水冲刷形成的陡岸，后期局部人工挖掘形成的断崖（图6.46）。剖面下方是杂草、土石及江水冲刷后出露的窄岸，人可择地势而行，车辆无法通行。起始坐标为125°39′12″E～125°39′14″E、44°55′7″N～44°54′59″N。

6.4.2　实测剖面描述

吉林省农安县青山口乡邢家店屯沿江剖面，是松辽盆地上白垩统青山口组建组剖面（其地质剖面如图6.47所示），由松辽石油普查大队于1958年命名，该组在松辽盆地内广泛分布，地表露头见于黑龙江省宾县鸟河乡及大顶子山松花江南岸沿江剖面，吉林省第二松花江沿岸榆树县五棵树、松原市哈达山及农安县青山口乡，同时长春市九台区二道沟、怀德县山根底下等地区也有出露，为滨湖相、浅湖相、较深湖相。青山口组整体为向上沉积基准面下降的反旋回，底部以厚约20m的灰黑色泥页岩夹黑褐色油页岩为标志与下伏泉头组灰绿色泥岩分界，顶部以灰色及杂色泥页岩与上覆姚家组紫色泥页岩及灰色钙质粉细砂岩区分，自下而上分成三段，青山口组一段为灰黑色泥

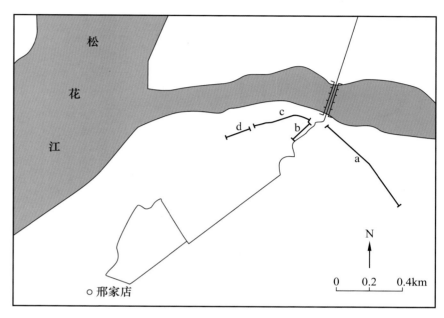

图6.46　农安县青山口乡邢家店屯上白垩统青山口组建组地质剖面地理位置图

岩、粉砂质泥岩、油页岩及薄层白云岩、方解石层、鲕粒灰岩构成，青山口组二段、三段由灰色或灰黑色泥岩、钙质粉砂岩及介形虫层组成，偶夹生物灰岩，在东南隆起区以富含铁锰氧化层及铁质砂岩与上覆姚家组紫红色钙质泥页岩相区分。

青山口乡邢家店青山口组剖面整体属于深湖相向浅湖相过渡地层，出露地层为青山口组一段上部和青山口组二段下部，地层十分平缓，厚度约为25m。岩性以黑色、灰黑色、灰色泥页岩为主，泥岩具有水平层理，其次为灰色泥质白云岩和呈层状分布的介形虫灰岩，白云岩多呈层状和透镜状且近水平方向分布于厚层泥岩中。分析该剖面整体岩性组合特征，可呈现出下、中、上三层组合结构特征，下部组合为含叠层石的灰色粉砂质泥页岩、泥质粉砂岩，叠层石厚度在0.2～0.8m。该组合底部灰色粉砂质泥岩中发育大量的砂质条带、透镜体等，厚度很薄，分布较为局限，与泥岩呈突变接触关系，显微镜下可见一定的冲刷现象，局部存在液化变形，表明这些砂质沉积物为浊流末端沉积，而且存在高频注入的特征。中部组合为黑色、灰黑色、灰色厚层泥页岩夹灰色泥质白云岩层和介形虫灰岩层，白云岩层个体和厚度较大，基本成层分布，透镜状相对较少。上部组合为细粒岩颜色变浅，逐渐由灰色变为灰绿色，岩性则以含介形虫泥页岩和钙质粉砂质泥岩为主，顶部含灰白色沉火山灰。上部组合底部发育一套厚度3～4m的由白云质条带和白云质结核与泥页岩构成的"黏糕层"地层，该层中白云质条带和白云质结核多数具有顺层特征，但横向稳定性差，呈现沿层离散分布的特点，尤其同层结核体的大小差异明显，而且各透镜体并没有完全在同一层面上。白云质条带和顶底板泥岩均发育水平层理及白云岩呈现微晶状菱形柱状体，表明"黏糕层"形成的水体基本为低能静水沉积环境。从地层特征分析，"黏糕层"底部应该是青山口组一段和青山口组二段的分界面，"黏糕层"的形成应该是沉积环境发生了较大的变化，在此之后水体持续变浅，导致岩性组合、氧化还原环境及生物种类与个体密度都随之有较大改变，说明"黏糕层"是个有代表性的沉积事件。

该剖面中古生物以介形虫、叶肢介和藻类为主，偶见鱼类和其他生物化石，暗色泥页岩地球化学分析结果表明，烃源岩以Ⅰ型为主，成熟度（R_o）在0.5%左右，TOC值为6.7%～7.6%，S_1含量0.2～1.26mg/g，S_2含量32.6～69.17mg/g。泥页岩常微量元素分析表明，Sr/Cu比值3.92～11.13，Sr/Ba比值0.2～0.61，V/（V+Ni）为0.76～0.80，表明泥页岩沉积时期气候温暖湿润，水体环境为淡水—微咸水沉积环境。

农安县青山口乡邢家店屯上白垩统青山口组建组地质剖面上的典型剖面和岩性的相关图片如图6.48至图6.65所示。

比例尺1:2500

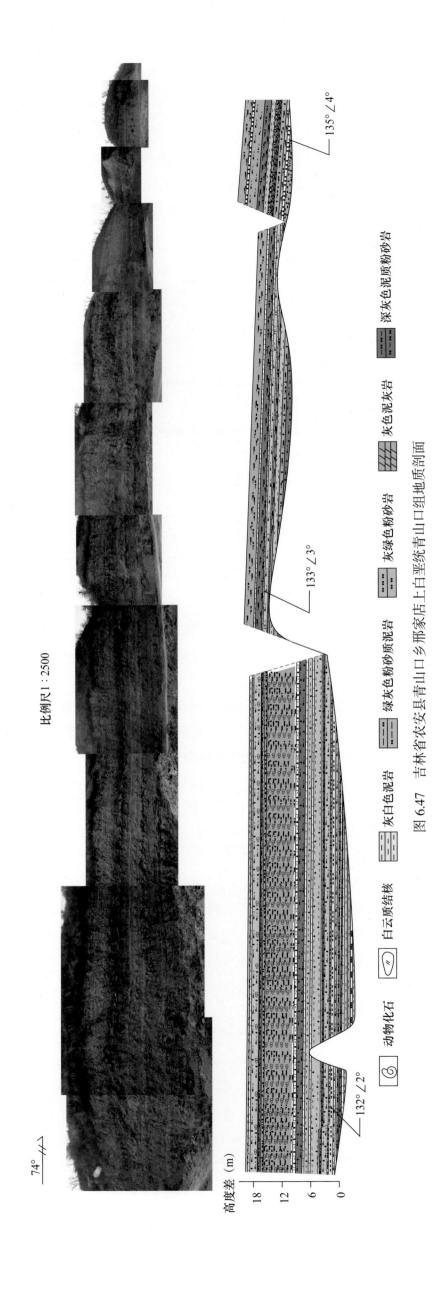

74°

高度差（m）

18
12
6
0

132° ∠2°　　133° ∠3°　　135° ∠4°

图6.47　吉林省农安县青山口乡那家店上白垩统青山口组地质剖面

💿 动物化石　　◎ 白云质结核　　灰白色泥岩　　绿灰色粉砂质泥岩　　灰绿色粉砂岩　　灰色泥灰岩　　深灰色泥质粉砂岩

194

图 6.48 上白垩统青山口组建组剖面，下部岩性主要为暗色泥页岩呈互层层状，含一层白云质叠层石，上部灰绿色泥岩夹薄层白云岩呈互层条带，发育"黏糕层"，顶部为厚层浅黄色含介形虫钙质泥岩。湖相深水向浅水过渡沉积环境，位于吉林省农安县青山口乡邢家店，剖面 a，左视图

图 6.49　上白垩统青山口组建组剖面，湖相沉积群地层，岩性主要为泥页岩，方解石层，介形虫虫层及薄层白云岩，白云岩厚度占比 5%～10%，位于吉林省农安县青山口乡邢家店屯家店屯剖面 b~c，右视图，广角拍摄

图 6.50　上白垩统青山口组建组剖面，白云岩、介形虫层与泥页岩形成互层状结构，页理发育，泥岩和页岩风化后脱落破碎成页片状堆积，农安县青山口乡邢家店，剖面 d，正视图

197

(b) 页岩风化后沿页理破碎形成页片状碎片

(d) 不同成分页岩中页理发育差异

(a) 页岩风化后页理片开启，目测页理密度10~15条/cm

(c) 粉砂质页岩风化后页理开启，目测页理密度5~10条/cm

图 6.51　页岩风化过程中的地质现象

198

(a) 页岩层面堆积的叶肢介化石，直径0.2~0.5cm

(b) 页岩层面炭化植物茎叶碎片

(c) 页岩层面分散的叶肢介化石，直径0.1~0.5cm

(d) 页岩层面炭化植物碎片

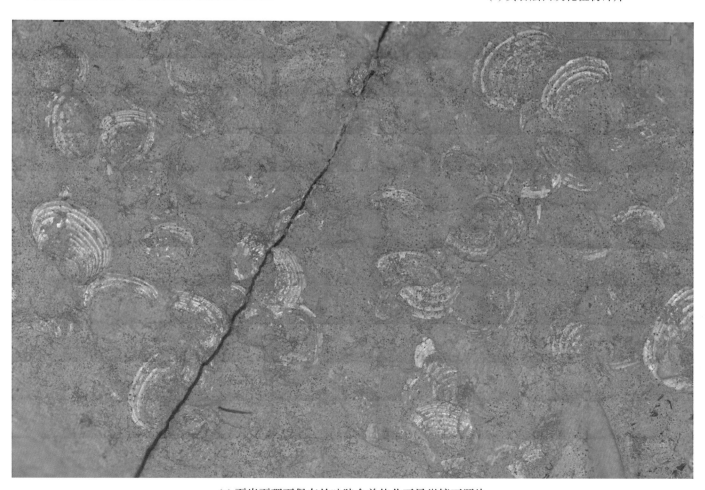

(e) 页岩页理面保存的叶肢介单体化石显微镜下照片

图 6.52　页岩层面中的化石及微观照片

图 6.53 眼球状白云岩沿层断续离散分布，在约 3m 的厚度范围与泥页岩构成"黏糕"状结构，横向分布稳定，具有可对比性，因此将其称为"黏糕层"，剖面 a 局部

图 6.54 上白垩统青山口组，雨水冲刷形成的冲沟，冲沟两侧可见新鲜页岩剖面，位于吉林省农安县青山口乡邢家店，剖面 d，正视图

图 6.55　沿地层连续分布的层状白云岩及离散分布的眼球状白云岩

具有圈层结构的眼球状白云岩

顶平下凸型的透镜状白云岩

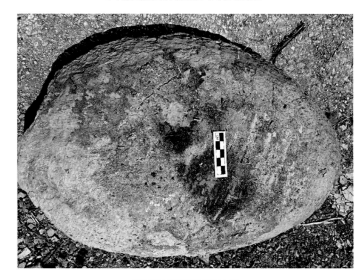

扁平的透镜状白云岩

园鼓的眼球状白云岩

图 6.56　不同类型的白云岩

(a) 椭圆形白云岩断面裂隙不发育，断面形成氧化锰膜

(b) 透镜状白云岩断面氧化形成氧化锰膜

(c) 层状白云岩网格状裂隙被方解石及白云石充填

(d) 层状白云岩垂直裂隙发育，裂缝被钙质及硅质充填

图 6.57　白云岩断面及裂隙组图

(a) 粉晶含泥云岩：岩石由白云石、少量生物碎片及粉砂组成。粉晶结构，半自形白云石紧密排列，泥质分布于白云石晶间。少量生物碎片、粉砂零星分布

(b) 粉晶含泥云岩：岩石由白云石、少量泥质组成。粉晶结构，半自形白云石紧密排列，泥质分布于白云石晶间

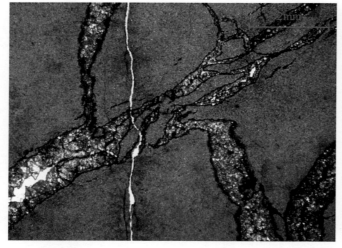

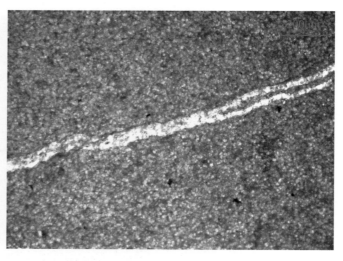

(c) 粉晶云岩：主要由白云石、少量泥质、方解石组成。粉晶结构，半自形白云石呈镶嵌状紧密排列，少量泥质分布于白云石晶间。岩石裂缝发育，纵横交错，先后被泥质、中晶—细晶白云石、方解石充填，仅残留少量空隙

(d) 粉晶云岩：主要由白云石、少量泥质组成。粉晶结构，半自形白云石呈镶嵌状紧密排列，泥质分布于白云石晶间，局部富集。偶见粉砂，岩石具两条微裂缝，被方解石及白云石充填

图 6.58　粉晶含泥云岩及粉晶云岩的显微镜下图片，本图（a）～（d）与图 6.57（a）～（d）一一对应

202

图 6.59 剖面中部发育一层叠层石灰岩，厚度约 0.6m，在叠层石层上部及下方发育白云岩条带，剖面底部发育离散状分布的白云岩透镜体，位于吉林省农安县青山口乡邢家店，剖面 d，冲沟内局部

图 6.60 叠层石底凹上凸，单层厚度 40～60cm，剖面 d 局部，本图为图 6.59 黄框处

图 6.61 叠层石纵切面，生长纹层具有上凸型叠置结构

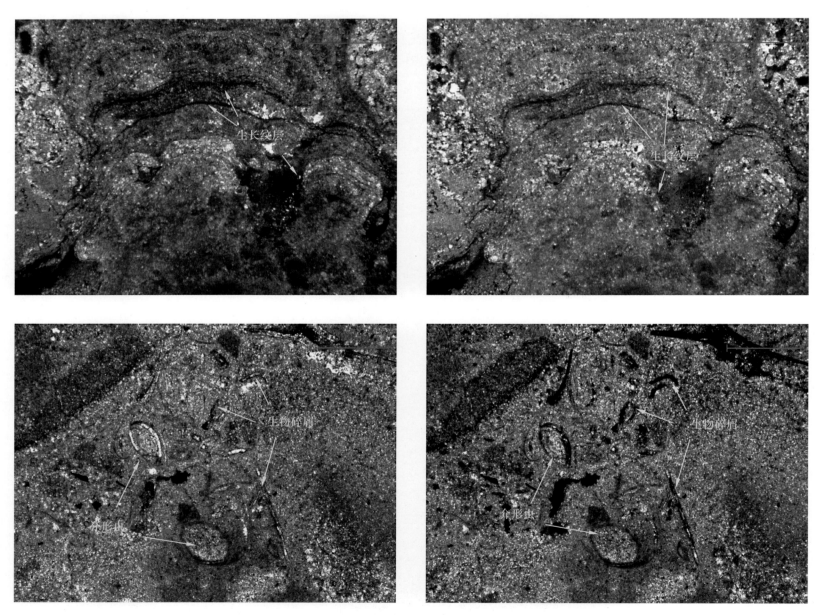

图 6.62 含云灰岩叠层石组图

岩石主要由方解石、白云石、少量陆源碎屑等组成。岩石具叠层组构，叠层空腔被细晶、少量中晶白云石及泥质充填。泥晶方解石局部重结晶呈粉晶状，少量介形虫、腕足类生物碎屑零散分布，陆源碎屑为少量粉砂，左为单偏光，右为正交光

图 6.63　叠层石与白云岩及厚层暗色页岩呈互层结构，叠层石层厚度一般 15～20cm，最大可达 40cm，
白云岩层厚度 5～15cm，剖面 a 局部

(a) 叠层石具底平上凸底凹上凸及不规则圆形特征，剖面 a 局部，
本图为图6.63黄框处

(b) 叠层石顶面具有瘤状凸起

(c) 叠层石横断面上可见清晰的生长纹层

(d) 叠层石横断面呈现的上凸下凹形结构特征

图 6.64　叠层石的结构特征

205

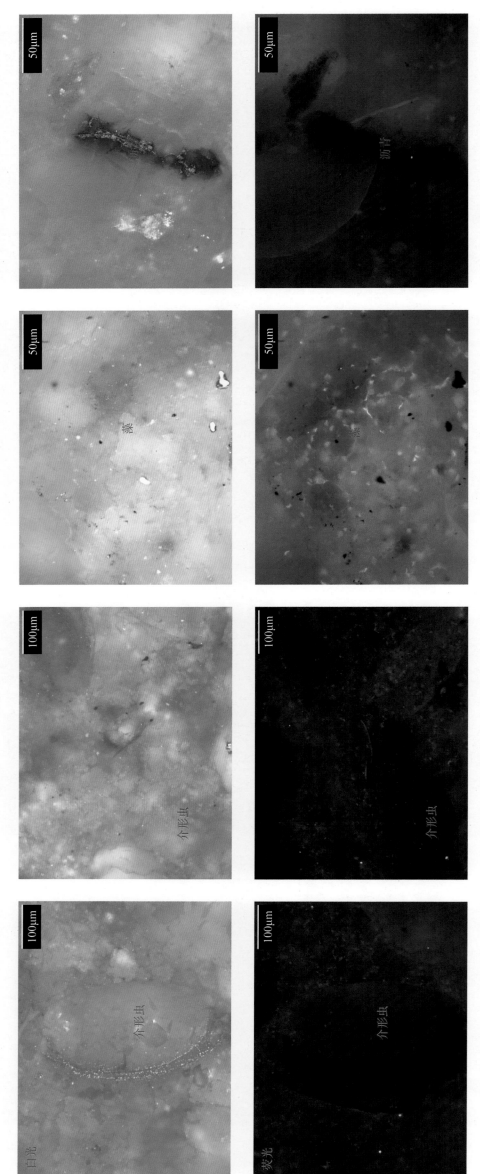

图 6.65　叠层石薄片显微镜下不同视域的白光及荧光照片，可见介形虫完整形态及藻类化石，上一行为白光照片，下一行为荧光照片

6.5 吉林省长春市九台区健心医院—西靠山屯—营城火车站下白垩统营城组地质剖面

6.5.1 交通及地理位置

九台健心医院—西靠山屯—营城火车站剖面位于松辽盆地东南隆起区的吉林省九台区营城火车站附近，属于该地区营城组系列剖面（图 6.66）。分为三个剖面点，相距不过 5km，均分布在公路附近，是筑路开山取石形成的半壁山式矿坑。其中九台健心医院剖面（剖面 a）位于九台区健心医院对面，可供观察的地质露头有 2 条（剖面 a1 和剖面 a2），剖面总长约 1300m，高度 30～60m，坐标为 125°53′49.3″E、44°10′12″N。西靠山屯剖面（剖面 b）位于松九台区西靠山屯附近，分为两条可供观察的地质露头（剖面 b1 和剖面 b2），营城火车站剖面剖面延伸总长约 1000m，高度 10～30m，坐标为 125°57′19.4″E、44°11′29″N。营城火车站剖面（剖面 c）位于九台区营城火车站东北方向 1.1km 处，是一条连续的地质露头，分为三段进行描述（剖面 c1、剖面 c2 和剖面 c3）。剖面总长度为 400m，高度 15～25m，坐标为 125°55′27.1″E、44°8′47.1″N。

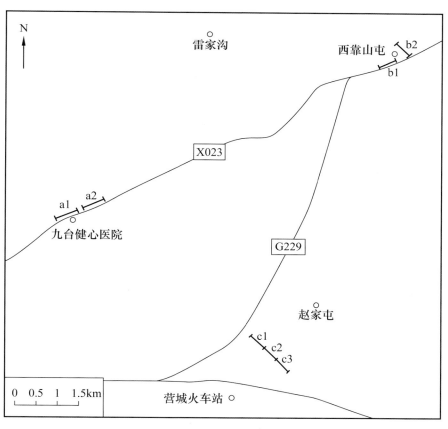

图 6.66 长春市九台区健心医院—西靠山屯—营城火车站下白垩统营城组地质剖面地理位置图

6.5.2 实测剖面描述

九台健心医院—西靠山屯—营城火车站系列剖面为中生界下白垩统营城组，主要岩性为火山岩及砂砾岩，构成具有明显的二元性，下部以沉积岩为主，区域上可相变为火山岩，上部以火山喷发岩为主，夹沉积岩，区域上可相变为沉积岩。健心医院剖面（剖面 a）为一套断裂节理发育的营城组流纹岩地层，具有流动构造及矿物斑晶，可见断裂挤压构造。该剖面流纹岩薄片鉴定揭示斑晶为少量石英，晶体形状不规则有玻璃光泽，基质由放射状长英质球粒、隐晶质组成。岩石中石英呈集合体状不均匀分布，是火山的酸性喷出岩石，其化学成分与花岗岩相同，岩石为灰色、棕黄色，有流纹构造和斑状结构（图 6.67 至图 6.72）。

西靠山屯剖面（b 剖面）为营城组含砾粗砂岩，剖面为一套砂质辫状河沉积，含砾粗砂岩夹含砾泥质砂岩，局部含砾泥质砂岩夹灰绿色泥质条带，具大型板状交错层理及大型槽状层理，可见明显下切冲刷面。辫状河指弯度指数小于 1.3，河床不稳定，心滩发育。辫状河流多发生在坡度较大的地带。河道坡降大，流速急，对河岸侵蚀快，辫状河的沉积序列通常比较复杂，该剖面辫状河流层序有三个特点：（1）粒级较粗，砂砾岩发育；（2）大型板状交错层理发育，且规模较大；（3）泛滥平原细粒沉积物较薄或不发育（图 6.73 至图 6.79）。

营城火车站剖面（剖面 c）出露地层为营城组大套紫红色砂砾岩，大型辫状河三角洲沉积。砂砾岩中夹含砾泥质砂岩，含砾泥质砂岩风化后掉落，形成沿层分布的"串珠状"洞穴。上部砂砾岩具有大型斜层理，砾石沿层理呈韵律性定向排列，具有下切冲刷构造。下部砂砾岩呈大型板状交错层理，界面夹含砾泥质砂岩，风化后呈沿层的凹槽。砂砾岩具有下切冲刷构造，剖面右端可见密集垂直节理（图 6.80 至图 6.86）。

NE

图 6.67　中生界下白垩统营城组流纹岩，地层受挤压发生断裂，形成牵引背斜构造，位于吉林省九台区健心医院，剖面 a1

208

图 6.68　中生界白垩统营城组，球粒流纹岩，具有流动构造及矿物斑晶，斑晶为少量石英，基质由放射状长英质球粒、隐晶质组成，岩石中石英呈集合体状不均匀分布，位于吉林省九台区健心医院，剖面 a2

图 6.69　流纹岩块体，具有流动构造及矿物斑晶，可见被充填的不规则气孔，充填物为石英及长石，剖面 a2，崖下落石

图 6.70　流纹岩块，岩石呈灰白色，火山灰胶结物中可见矿物斑晶，具明显类似层理的流动构造，剖面 a2 局部

图 6.71　流纹岩层被断裂及节理切割，形成方形石柱，节理及断裂面可见石英结晶颗粒，剖面 a2 局部

流纹岩标本中流动构造、矿物斑晶及气孔杏仁构造

采自剖面a2的球粒流纹岩手标本

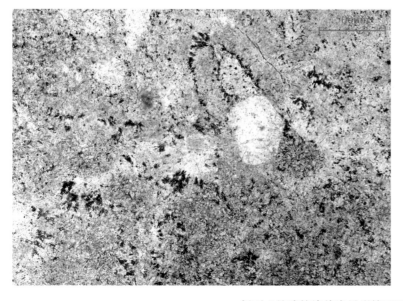

剖面a2的球粒流纹岩显微镜下照片（左为单偏光，右为正交光）
斑晶为少量石英，基质由放射状长英质球粒、隐晶质组成，岩石中石英呈集合体状不均匀分布

图 6.72　流纹岩

图 6.73　中生界下白垩统营城组，黄褐色含砾粗砂夹含砾泥质砂岩条带，为一套辫状河沉积，具大型板状、楔状及大型槽状层理，位于吉林省九台区西靠山屯，剖面 b1 左段，左视图

图 6.74　中生界下白垩统营城组，黄褐色含砾粗砂岩夹含砾泥质砂岩条带，为一套辫状河沉积，具大型楔状交错层理及大型槽状层理，位于吉林省九台区西靠山屯，剖面 b1 右段，左视图

图 6.75　辫状河沉积，含砾砂岩夹含砾泥质砂岩，具大型楔状交错层理，剖面 b1 左段局部，本图为图 6.73 黄框处

图 6.76　辫状河沉积，含砾砂岩夹薄层含砾泥质砂岩，具大型板状层理，剖面 b1 局部

图 6.77　含砾泥质砂岩夹灰绿色泥质条带，呈现互层状韵律层，上下为大型槽状交错层理含砾粗砂岩，剖面 b1 局部

SE

图 6.78　中生界下白垩统营城组，含砾粗砂岩，可见大型斜层理，辫状河沉积，位于吉林省九台区西靠山屯，剖面 b2 左段，正视图

215

图 6.79　中生界下白垩统营城组含砾粗砂岩，可见下切冲刷面，辫状河沉积，位于吉林省长春市九台区西靠山屯，剖面 b2 右段，正视图

图 6.80　中生界营城组，砂砾岩中夹含砾泥质砂岩，可见沿层分布的"串珠"状洞穴，为泥质砂岩风化脱落形成。上部砂砾岩具有大型斜层理，砾石沿冲刷面呈韵律性定向排列，下部砂砾岩呈大型板状层理，界面夹含砾泥质砂岩，风化后脱落，形成沿层的凹槽，大型辫状河三角洲，位于吉林省九台区营城火车站，剖面 c1 左段，左视图

216

图 6.81 中生界下白垩统营城组，砂砾岩中夹含砾泥质砂岩风化后脱落，形成沿冲刷面分布的"串珠"状洞穴，位于吉林省九台区营城火车站，剖面 c1 中段，左视图

图 6.82 中生界下白垩统营城组，上部大型斜层理砂砾岩，砾石沿层理呈韵律性定向排列，具有下切冲刷构造，位于吉林省九台区营城火车站，剖面 c1 中段，正视图

冲刷面风化
后形成凹槽

图 6.83　中生界下白垩统营城组，砂砾岩呈大型板状层理，冲刷面夹含砾泥质砂岩，风化后呈沿层的凹槽，位于吉林省九台区营城火车站，剖面 c1 右段，正视图

图 6.84　中生界下白垩统营城组，砂砾岩，多处可见"串珠"状孔洞，上部发育大型斜层理，下部具有板状层理特征，位于吉林省九台区营城火车站，剖面 c2 左段，右视图

图 6.85　中生界下白垩统营城组，砂砾岩具有下切冲刷构造，并形成大型楔状层理及槽状层理，位于吉林省九台区营城火车站，剖面 c2 右段，左视图

图 6.86　中生界下白垩统营城组，砂砾岩，剖面右侧可见密集垂直节理，位于吉林省九台区营城火车站，剖面 c3，右视图

6.6 吉林省长春市九台区东湖镇小羊草沟下白垩统火石岭组地质剖面

6.6.1 交通及地理位置

小羊草沟剖面位于松辽盆地东南隆起区的吉林省长春市九台区东湖镇小羊草沟西南方向 500m 处（图 6.87），是工程取石开山遗留的圆形矿坑，有土石路与附近的公路相连，剖面出露较好，无植被覆盖，坑内无积水。剖面长约 390m，高约 20m，坐标为 125°36′10.3″E、43°57′56.2″N。

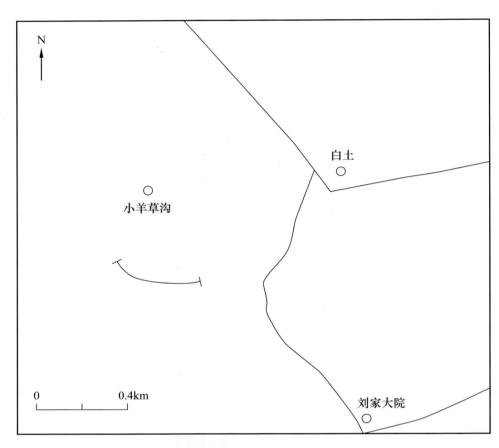

图 6.87　长春市九台区东湖镇小羊草沟火石岭组地质剖面地理位置图

6.6.2 实测剖面描述

吉林省长春市九台区东湖镇小羊草沟剖面属于中生界下白垩统火石岭组，该剖面出露于废弃采石矿坑内，表面风化现象严重，剖面上构造现象复杂，存在多期断裂，推测与多期岩浆活动有关（图 6.88 和图 6.89）。主要岩性为岩屑晶屑流纹岩及流纹质凝灰岩，局部发育流纹质火山碎屑岩。流纹岩具有明显的流纹、杏仁构造，气孔被硅质充填形成的杏仁体为球状玛瑙石，其直径可达 30m，小的毫米级的杏仁体风化脱落后原石呈蜂窝状结构（图 6.90）。

火石岭组的正层型建于吉林省长春市九台区的营城煤矿的 226 钻孔、50 钻孔剖面，该剖面将火石岭组分为 17 层，以中性火山岩为主的下伏地层为哲斯组变质砂岩，上覆地层为沙河子组灰白色凝灰质砂岩。正层型上火石岭组可分 3 个岩性段：一段（1～4 层）为中—基性火山岩和火山碎屑岩，厚度为 162.8m；二段（5～12 层）以碎屑岩为主，夹凝灰岩和煤线，厚度为 109.4m；三段（13～17 层）为中性火山岩和火山碎屑岩，厚度为 154.4m。

在盆地内部火石岭组底界面对应的地震反射轴为 T_5，顶界面地震反射轴 T_4^2，地层厚度 0～1010m。根据松辽盆地北部北安断陷的北参 1 井井筒资料，可将火石岭组细分为两段，火石岭组一段为巨厚层灰色砂砾岩、砾岩夹紫红色、灰色泥岩，偶夹紫红色凝灰岩。火石岭组二段为绿色、灰绿色、灰黑色安山岩、安山玄武岩、安山质角砾岩、凝灰岩夹紫红色、紫灰色泥岩与紫灰色砂岩等。火石岭组产少量植物和孢粉化石，植物化石有 *Nilssonia sinensis*、*Elatocladus manchurica*、*Baiera* cf. *furcata* 等；孢粉有 *Cicatricosisporites*、*Aequitriradites*、*Klukisporites* 等。

图 6.88 中生界下白垩统火石岭组，发育岩屑晶屑流纹岩及流纹质凝灰岩，位于长春市九台区东湖镇小羊草沟，广角拍摄

图 6.89　中生界下白垩统火石岭组，局部发育青流纹质质火山碎屑岩，位于长春市九台区东湖镇小羊草沟，广角拍摄

(a) 流纹岩呈现的流纹构造

(b) 流纹岩气孔被硅质充填形成的杏仁体风化脱落后呈现蜂窝状结构

(c) 流纹岩气孔被硅质充填形成球状玛瑙石

(d) 流纹岩气孔被硅质充填形成杏仁构造

(e) 流纹岩中的岩屑、晶屑及杏仁构造

(f) 流纹岩中的岩屑和晶屑及流纹构造

图 6.90　流纹岩的构造特征

6.7 吉林省长春市九台区三台乡三台村下白垩统营城组及沙河子组地质剖面

6.7.1 交通及地理位置

三台村剖面构造上位于松辽盆地东南隆起区的东部边缘山区，地理上位于吉林省长春市九台区三台乡三台村北沟东北侧 400m 处，是正在开采的山顶珍珠岩矿坑，岩石出露均为新鲜面，有砂石路与山下公路相连，交通便利（图 6.91）。剖面长约 400m，高 20～50m，坐标为 126°22′26.7″E、44°29′48.9″N。

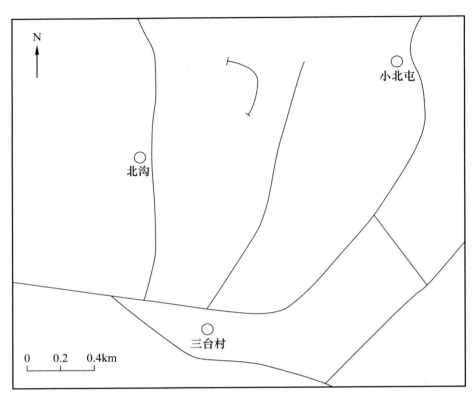

图 6.91　长春市九台区三台乡三台村下白垩统营城组及沙河子组地质剖面地理位置图

6.7.2 实测剖面描述

吉林省长春市九台区三台乡三台村属于中生界下白垩统营城组及沙河子组，该剖面出露于一采石矿坑，由于正处在开采期，露头出露较好（图 6.92）。剖面上部为营城组，主要岩性为流纹岩及珍珠岩，流纹岩具有向左逆冲的层状背斜结构，剖面下部为沙河子组，主要岩性为页岩与砂岩，二者互层，页岩顶部有明显的剥蚀和削截特征，剖面分组界面具有明显的不整合面特征（图 6.93、图 6.94）。剖面上部营城组及附近观测到的流纹岩，含大量岩屑及晶屑，具有较高的灰质成分，流纹构造明显；另一种是灰黑色的珍珠岩，具隐晶质及玻璃质结构，性脆易碎。剖面下部沙河子组出露的是以页岩为主的砂泥互层型地层，黑色页岩具有较好的页理，可见透镜状菱铁矿结核，直径 10～30cm，黄色砂岩含有较多砾石，不含钙，泥质胶结，成岩作用较强，质地致密坚硬，物性较差（图 6.95）。

沙河子组底界面对应的地震反射轴为 T_4^2，顶界面对应地震反射轴 T_4^1，地层厚度 0～815m。传统的沙河子组据岩性分为四段，沙河子组一段俗称凝灰岩段，沙河子组二段称为含煤砂泥岩段，沙河子组三段为泥岩段，沙河子组四段为粉砂岩段，松辽盆地北部探井揭示的岩性与传统的沙河子组划分有一定的差别，更多地表现为沉积组合的变化和生物化石组合差异化。沙河子组产有介形类、叶肢介、双壳类、藻类和孢粉等多门类古生物化石，介形类化石主要有 *Cypridea unicostata*、*Limnocypridea abscondida* 等，计有 6 属 13 种以上；叶肢介有 *Eosestheria persculpta*；双壳类有 *Ferganoconcha subcentralis*、*Ferganoconcha* cf. *sibirica*；藻类化石有 *Vesperopsis granulata*、*Australisphaera cruciata* 等；孢粉化石 *Cicatricosisporites* 在沙河子组下部常见，沙河子组上部含量丰富等。

图 6.92 中生界下白垩统营城组及沙河子组，上部营城组流纹岩及沙河子组，下部沙河子组页岩与营城组流纹岩互层，界面为不整合面，位于长春市九台区三台乡三台村，广角拍摄

NEE

图 6.93　营城组流纹岩、凝灰岩、流纹质凝灰岩与珍珠岩剖面，流纹岩具有向左逆冲的层状背斜结构，右侧暗色为珍珠岩岩体，局部剖面，本图
为图 6.92 ①号黄框处

图 6.94 顶部营城组火山岩，中下部沙河子组页岩夹砂岩，分界面具有明显的剥蚀和削截特征，局部剖面，本图为图 6.92 ②号黄框处

(a) 岩石具流纹构造，含大量的晶屑

(b) 流纹岩中的流纹构造，岩石含岩屑及晶屑

(c) 流纹岩含岩屑及晶屑，岩石具有较高的石灰质成分

(d) 灰黑色珍珠岩，具隐晶质及玻璃质结构，性脆易碎

图 6.95 不同类型的流纹岩

6.8 吉林省长春市九台区五台乡五台村下白垩统营城组地质剖面

6.8.1 交通及地理位置

五台村剖面位于吉林省长春市九台区五台乡五台村东南侧道旁，构造上位于松辽盆地东南隆起区的东部边缘山区，是修路开山形成的半壁山式岩壁，地层出露良好，无植被覆盖，局部坑底有积水，剖面紧邻公路，交通方便（图6.96）。可供观测剖面3段，剖面总长度约3000m，高度一般为20～70m，坐标为126°13′47.9″E、44°37′27.9″N。

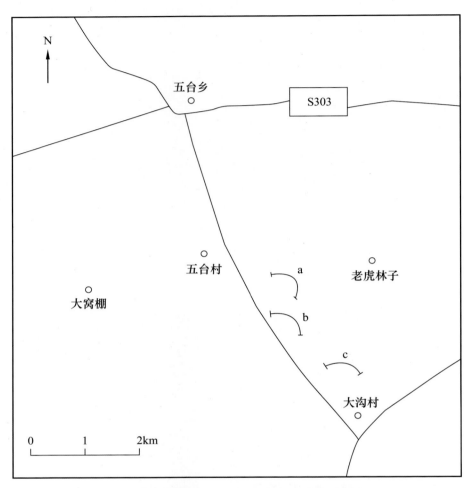

图6.96　九台区五台乡五台村下白垩统营城组地质剖面地理位置图

6.8.2 实测剖面描述

九台区五台乡五台村剖面属于中生界下白垩统营城组，出露的地层主要为火山岩夹辉绿岩侵入体，火山岩主要为流纹岩。剖面a下白垩统营城组剖面，整体为流纹岩，具层状结构，局部发育辉绿岩侵入岩墙及岩床，辉绿岩侵入流纹岩形成的裂缝被紫红色含铁硅质矿物充填，形成隐爆火山岩。流纹岩含大量斑晶、晶屑，紫红色硅质含铁条纹呈现变形的流纹构造及平行的流纹构造。流纹岩体发育"Y"字形断裂破碎带，风化后被剥蚀形成凹槽，使断裂组合特征更加突出，右侧暗色辉绿岩侵入体覆盖在流纹岩之上，形成岩床（图6.97和图6.98）。剖面b下白垩统营城组剖面，整体为流纹岩山体，辉绿岩沿断裂侵入流纹岩体，形成岩墙，在后期构造挤压作用下发生变质，风化后脱落沿侵入带形成凹槽（图6.99）。剖面c下白垩统营城组剖面，中部为辉绿岩侵入体，两侧发育流纹岩，接触面形成粉红色烘烤边（图6.100）。剖面a的典型地质现象如图6.101所示。

S

图 6.97　中生界下白垩统营城组，流纹岩，发育断裂破碎带，风化后被剥蚀形成凹槽，右侧暗色岩体为辉绿岩侵入体，位于吉林省长春市九台区五台乡五台村，剖面 a 右段，广角拍摄

E

辉绿岩墙

中生界下白垩统营城组，流纹岩，具层状结构，辉绿岩沿着断裂侵入成岩墙，位于吉林省长春市九台区五台乡五台村剖面，剖面 a 左段，广角拍摄

图 6.98

SE →

图 6.99　中生界下白垩统营城组，流纹岩，辉绿岩沿断裂侵入形成岩墙，后期构造挤压作用下发生变质作用，风化后沿侵入带形成凹槽，位于吉林省长春市九台区五台乡五台村，剖面 b，广角拍摄

231

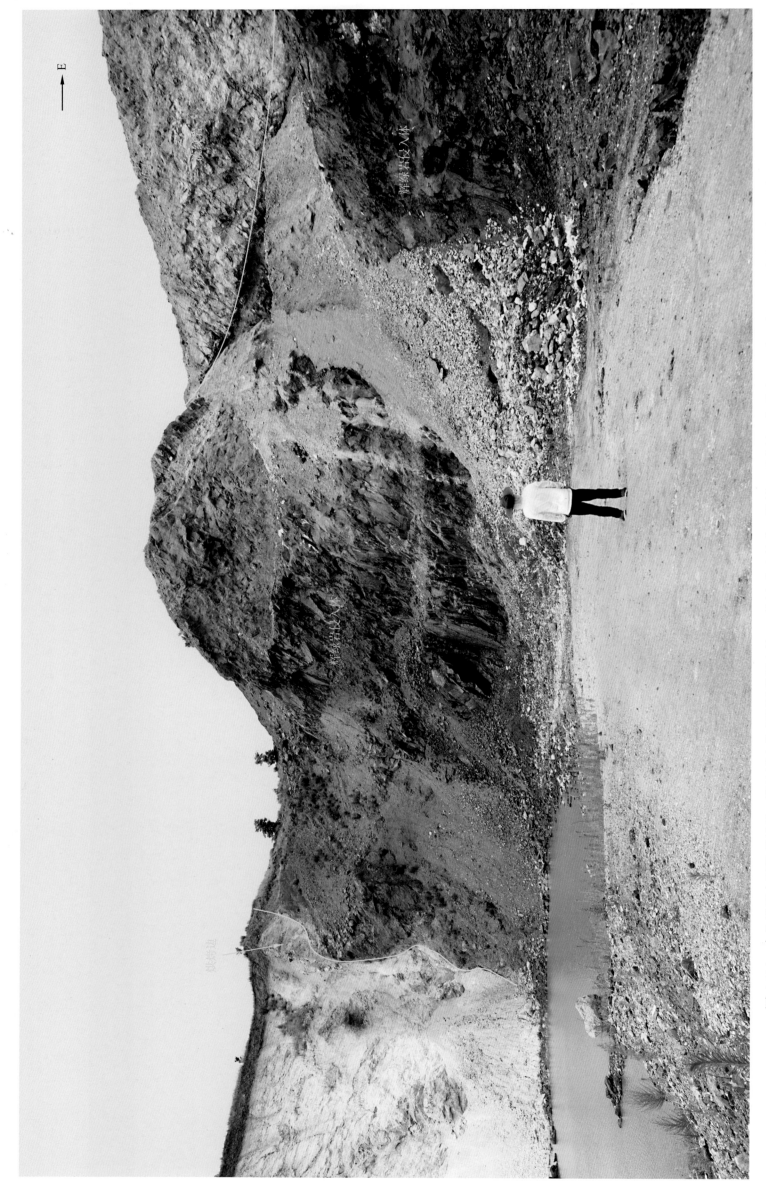

图 6.100 中生界下白垩统营城组，流纹岩中发育辉绿岩侵入体，两侧发育流纹岩，接触面形成粉红色烘烤边，位于吉林省长春市九台区五台乡五台村，剖面 c，广角拍摄

（b）流纹岩含大量斑晶，紫红色硅质含铁条纹呈现变形的流纹条纹构造，剖面a局部岩块

（d）流纹岩中含大量晶屑及平行的流纹构造，剖面a局部岩

（a）岩浆岩侵入流纹岩形成的裂缝被紫红色含铁硅质矿物充填，形成隐爆火山岩，剖面a局部岩块

（c）流纹岩体中侵入的辉绿岩，剖面a局部岩块

图6.101　流纹岩及其中的地质现象

7 吉林省四平市地质剖面

7.1 石岭镇沿 G303 国道古生界—中生界—新生界地质剖面

7.1.1 交通及地理位置

石岭镇沿 G303 国道剖面位于松辽盆地东南隆起区外缘的山区，地理上属于吉林省四平市 303 国道收费站到石岭镇放牛沟（图 7.1），是修路开山形成的半壁山式崖壁，剖面局植被覆盖，可观察性不好，但玄武岩及花岗岩剖面出露良好。该条剖面包含多个局部露头，此处选出 4 个处作为不同地层序列的实例展示。小刘家屯剖面（剖面 a）位于 G303 国道北侧小刘家屯旁，分为两个露头，总长约 800m，高约 50m，坐标为 124°33′49.8″E、43°6′12″N。云翠谷剖面（剖面 b）位于 G303 国道南侧云翠谷旅游度假村对面，该剖面延伸长度约 450m，高度约 30m，坐标为 124°37′0″E、43°5′29.8″N。位于石岭镇西放牛沟屯西侧 G303 国道北侧，延伸长度约 400m，高度 5～15m，坐标为 124°42′20.8″E、43°6′34.4″N。G303 国道收费站剖面（剖面 d）位于 G303 国道收费站西侧 150m，延伸长度约 450m，高度 5～15m，坐标为 124°42′20.8″E、43°6′34.4″N。

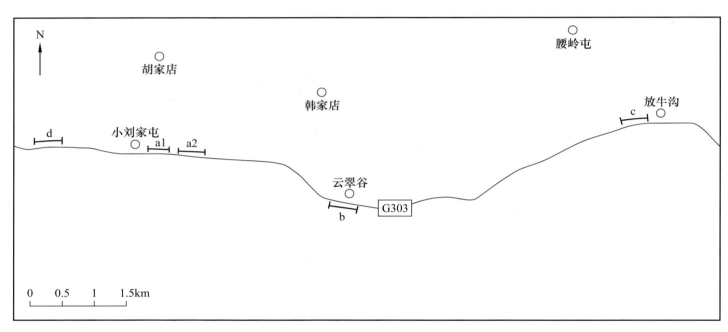

图 7.1 四平市石岭镇沿 G303 国道下白垩统营城组—古生界地质剖面地理位置图

7.1.2 实测剖面描述

小刘家屯剖面（剖面 a）为一套中生代花岗岩侵入体夹晚期岩脉及石英脉，可见多条石英脉沿裂缝发育。花岗岩体属于酸性（SiO_2 含量大于 66%）岩浆岩中的侵入岩，为浅肉红色，石英脉是由地下岩浆分泌出来的 SiO_2 的热水溶液填充沉淀在岩石裂缝中形成的，石英为显晶质，结晶颗粒粗大，粒径在 2mm 以上，化学成分很纯，SiO_2 含量达 99% 以上，杂质成分很少，有的夹有红色或黄褐色水锈（图 7.2 和图 7.3）。

四平市云翠谷沿路剖面（剖面 b）为古生界变质岩，剖面可见花岗岩侵入千枚岩形成多条不规则岩脉，受构造挤压发生不规则变形，同时地层发生破碎及变质，断层及擦痕发育（图 7.4 至图 7.7）。千枚岩发生蚀变具丝绢光泽及断层摩擦面等典型地质现象（图 7.8 至图 7.10）。（注：蚀变作用是岩石、矿物受到热液作用，产生新的物理化学条件，使原岩的结构、构造及成分相应地发生改变生成新的矿物组合的过程。）

放牛沟剖面（剖面 c）为中生界下白垩统营城组复理石剖面，扇三角洲钙质砂砾岩，地层受挤压变形。不同于传统的规模较大的海相复理石建造岩体，该剖面的复理石建造形成于松辽盆地营城组沉积时期，属于典型的陆相断陷深湖相地层，规模较小，但是出现频率较高，一般在断陷的深水区频繁出现（图 7.11 至图 7.14）。

四平市铁东区 G303 国道收费站剖面（剖面 d）出露一套中生代橄榄玄武岩，节理面多成四边形、五边形或六边形，构成柱状节理，大多数节理面平直而且相互平行，节理柱的直径从几厘米到数十厘米（图 7.15）。这种节理推测为高热的熔岩在急速冷却过程中因体积收缩形成的。一般玄武岩化学成分与辉长岩或辉绿岩相似，SiO$_2$ 含量 45%～52%，K$_2$O 及 Na$_2$O 含量较侵入岩略高，CaO、Fe$_2$O$_3$、FeO、MgO 含量较侵入岩略低。矿物成分主要由基性长石和辉石组成，次要矿物有橄榄石、角闪石及黑云母等，岩石均为暗色，一般为黑色，有时呈灰绿及暗紫色等，呈斑状结构，气孔构造和杏仁构造普遍。薄片分析表明，该剖面玄武岩为橄榄玄武岩，斑晶主要为斜长石及少量橄榄石，部分斜长石具净边，内部嵌有少量辉石、橄榄石等，橄榄石多具蛇纹石化，基质由斜长石微晶、粒状辉石、橄榄石等组成，构成间粒结构（图 7.16 和图 7.17）。

图 7.2　早白垩世花岗岩侵入体，整体为一块状山体，后期岩浆沿裂缝侵入形成岩脉，位于吉林省四平市 303 国道小刘家屯，剖面 a1

图 7.3　早白垩世花岗岩侵入体，整体为一块状山体，后期岩浆沿裂缝侵入形成岩脉，位于吉林省四平市 303 国道小刘家屯，剖面 a2

W →

干枚岩

图 7.4 古生代变质岩、花岗岩侵入千枚岩中，形成多条不规则刚岩脉，受构造挤压枝地层发生破碎及变质，断层及擦痕发育，位于吉林省四平市
石岭镇翠云合 303 国道，剖面 b 右段，右视图

图 7.5　古生代变质岩，花岗岩侵入千枚岩中，形成多条不规则岩脉及岩墙，由于构造挤压则地层破碎严重，可见不同程度变质，断层及擦痕发育，位于吉林省四平市石岭镇翠云谷 303 国道，剖面 b 左段，左视图

237

图 7.6 古生代变质岩，花岗岩体侵入左侧千枚岩中，受构造挤压地层破碎严重，可见不同程度的变质，位于吉林省四平市石岭镇
翠云谷 303 国道，剖面 b 中段，正视图

图 7.7 千枚岩沿花岗岩裂缝侵入形成岩脉，在构造挤压应力作用下发生不规则变形，同时岩脉发生碎裂及变质作用，剖面 b 左段
局部

图 7.8　千枚岩发生蚀变

图 7.9　千枚岩，具丝绢光泽

图 7.10　断层摩擦面

图 7.11　中生界下白垩统登娄库组，左端透镜状灰白色钙质胶结含砾粗砂岩，重力流沉积，向右变成复理石沉积，粉细砂岩与暗色钙质泥质页岩互层，砂岩厚度 10～35cm，泥页岩厚度 5～20cm，岩层倾角 35°，位于吉林省四平市石岭镇放牛沟 303 国道，剖面 c 左段

图 7.12　中生界下白垩统登娄库组，复理石沉积，粉细砂岩与暗色钙质泥页岩互层，岩层倾角 30°，砂地比约为 0.6，砂岩钙质胶
结，单层厚度 10～25cm，泥页岩单层厚度 5～30cm，含方解石条带，裂缝充填方解石，位于吉林省四平市石岭镇放牛沟 303 国
道，剖面 c 中段

图 7.13　中生界下白垩统登娄库组，复理石沉积，粉细砂岩与暗色钙质泥页岩互层，砂岩层密度较大，单层厚度 10～20cm，泥页
岩层密度较小，单层厚度一般在 1～5cm，偶尔大于 10cm，岩层倾角 25°～35°，位于吉林省四平市石岭镇放牛沟 303 国道，剖面 c
右段

图 7.14 中生界下白垩系泉头组复理石沉积，泥质含量较低，主要以泥质夹层及条带的形式出现，砂岩单层厚度 20~35cm。地层受构造挤压作用发生变形，形成 "Λ" 字形褶皱，同时伴生断裂。位于吉林省四平市石岭镇放牛沟 303 国道，剖面 c 右段局部

SE

图 7.15 中生代橄榄玄武岩，玄武岩柱状节理呈直立产状分布，断面呈四边形或五边形，发育水平及倾斜节理，局部发育断层，位于吉林省四平市铁东区 303 国道收费站，剖面 d

243

(a) 橄榄玄武岩斜向及垂直节理

(b) 橄榄玄武岩斜向节理面

(c) 橄榄玄武岩近垂直柱状节理

(d) 橄榄玄武岩柱状节理断面呈四边形及五边形

图 7.16　玄武岩不同尺度地质特征

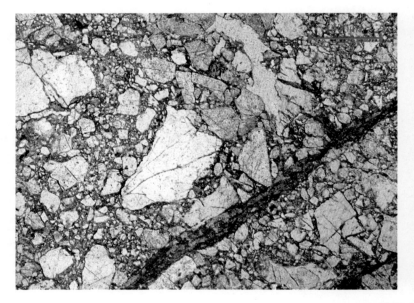

图 7.17　橄榄玄武岩微观图片

斑晶主要为斜长石及少量橄榄石，部分斜长石内部嵌有少量辉石、橄榄石等，橄榄石多具蛇纹石化，基质由斜长石微晶、粒状辉石、橄榄石等组成，构成间粒结构

7.2　四平市石岭镇双龙湖南端赵家沟村下白垩统登娄库组地质剖面

7.2.1　交通及地理位置

四平市石岭镇赵家沟剖面位于松辽盆地东南部边缘与伊通地堑接壤的地带，地理上位于吉林省四平市石岭镇岸赵家沟村旁，距离二龙山水库约1.5km（图7.18）。剖面为河流冲刷形成的陡岸，后经开山取石形成的半壁山式露头，剖面局部植被覆盖，整体出露和可观察性较好，有乡级公路在山下通过。剖面长约300m，高10～25m，坐标为124°45′56.9″E、43°10′23.9″N。

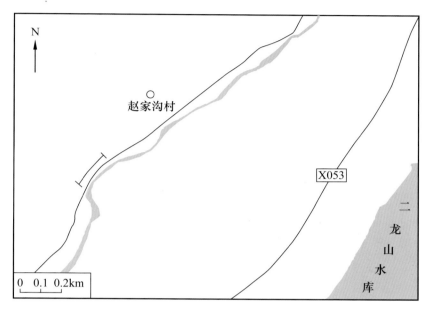

图7.18　四平市石岭镇赵家沟村下白垩统登娄库组地质剖面地理位置图

7.2.2　实测剖面描述

四平市石岭镇赵家沟剖面为中生界下白垩统登娄库组，属于重力流沉积体系，重力流水道砂砾岩被深水暗色泥岩包裹，砂岩与深水薄层暗色泥岩互层，形成复理石沉积体。砂砾岩中的暗色湖相泥页岩页理发育，可见重力流水道沉积的灰白色砂砾岩，湖相泥页岩中的水平虫孔充填。中湖相泥页岩中的水平虫孔是蠕虫类软体动物或其他无脊椎动物的钻孔，多呈直或弯曲的圆筒状，宽窄不一，分布在层面或贯穿其中，是陆相沉积或浅水沉积的标志。

剖面中厚层透镜状重力流水道砂体以砂砾岩为主，被深水暗色泥页岩包裹，单层最大厚度约为1m，底部与暗色泥页岩突变接触，整体砂地比约为0.4，地层倾角35°～60°（图7.19）。局部为薄层粉细砂岩与暗色泥页岩互层，形成复理石沉积体，砂岩单层厚度一般为5～20cm，砂地比约为0.8，泥页岩主要以夹层或条带的形式出现。暗色页岩页理发育，风化剥落后形成片状散落堆积，新鲜面呈炭黑色，由于构造挤压形成众多的裂缝及擦痕，导致页岩更易破碎和风化。泥页岩中保留了众多的水平虫孔，说明为深水沉积，当时的沉积环境为深水湖相，属于水体稳定的还原环境。

登娄库组首先发现于吉林省前郭旗尔罗斯蒙古自治县东南5km的登娄库构造上的松基二井中，1965年在松基六井获全剖面。登娄库组覆于营城组之上，呈不整合接触，或超覆于其他更老的地层之上。自下而上分四段，登娄库组一段为砂砾岩段，主要由杂色砂砾岩组成，夹灰白色砂岩和灰黑色、紫褐色泥岩。孢粉化石见有 *Clavatipollenites*、*Tricolpollenites*、*Gothanipollis* 等具有重要时代意义的被子植物花粉；登娄库组二段为暗色泥岩段，主要为灰黑色、灰绿色、紫红色泥质岩与灰白色厚层细砂岩呈不等厚互层。被子植物花粉零星见有 *Clavatipollenites* 和 *Triporopollenites* 等；登娄库组三段为块状砂岩段，岩性为灰白色、灰绿色块状细、中砂岩与灰黑色、灰褐色及暗紫红色泥质岩呈略等厚互层，最大厚度为612m。产轮藻化石 *Atopochara trivolvis trivolvis*、*Aclistochara bransoni*、*Hornichara changlingensis* 等；孢粉化石见有 *Clavatipollenites* 等被子植物花粉；登娄库组四段为过渡岩性段，岩性为灰白色、绿灰色及少量紫灰色厚层状细砂岩与褐红色、灰褐色泥质岩组成不等厚互层，电阻率曲线呈现上部和下部低、中部高的"山"字形，可作为地层划分对比的辅助标志。见少量 *Vesperopsis zhaodongensis*、*Orthestheria zhangchunlingensis* 等化石。

四平市石岭镇双龙湖南端赵家沟村下白垩统登娄库组地质剖面上的典型剖面如图7.20至图7.24所示。

NNE

图 7.19　中生界下白垩统登娄库组，重力流沉积，厚层透镜状重力流砂体以砂砾岩为主，被深水暗色泥页岩包裹，局部为薄层砂岩与暗色泥页岩互层，形成复理石沉积体，整体砂地比约为 0.4，地层倾角约 35～60°，位于吉林省四平市石岭镇赵家沟村

NNE

透镜状重力流水道砂砾岩

透镜状重力流砾岩

图 7.20　透镜状重力流水道砂砾岩被深水暗色泥岩突变接触，底部与暗色泥岩页岩突变接触，上覆复理石沉积，单层最大厚度约 1m

图 7.21　粉细砂岩与薄层暗色泥岩互层，形成复理石沉积体，主体为砂岩，单层厚度一般为 5～20cm，砂地比约为 0.8，湖相泥页岩主要以夹层或条带的形式出现

图 7.22　暗色页岩页理发育，风化剥落后形成片状散落堆积，新鲜面呈现炭黑色，由于构造挤压形成众多的裂缝及擦痕，导致页岩更易于破碎和风化

图 7.23　重力流水道形成的灰白色砂砾岩，成岩作用较强，以细砾和粗砂为主，泥质胶结，岩石中暗色矿物占比较大

图 7.24　泥页岩中保留了众多的水平虫孔，说明为深水沉积，当时的沉积环境为深水湖相，属于水体稳定的还原环境

7.3 伊通县大孤山镇北山—西尖山—莫里青山新生界地质剖面

7.3.1 交通及地理位置

该系列剖面位于松辽盆地东部边缘的伊通地堑内，地理上位于吉林省伊通县大孤山镇，均为开山取石形成的断崖式剖面（图7.25）。剖面都紧邻公路和村庄，交通便利，但由于开发旅游资源的需要，这些剖面也成为重点保护和开发的对象，作为地质作用火山遗迹公园被设置了围栏，不方便地质考察。大孤山镇北山剖面（剖面a）长约500m，高15～50m，坐标为125°7′49.5″E、43°19′8.7″N。莫里青山剖面（剖面b）亦为直径约500m的锥形尖山，高约100m，坐标为，E125°7′19.4″E、43°24′47.6″N。西尖山剖面（剖面c）为一直径约500m的锥形尖山，高约80m，坐标为125°15′38.9″E、43°22′26.6″N。

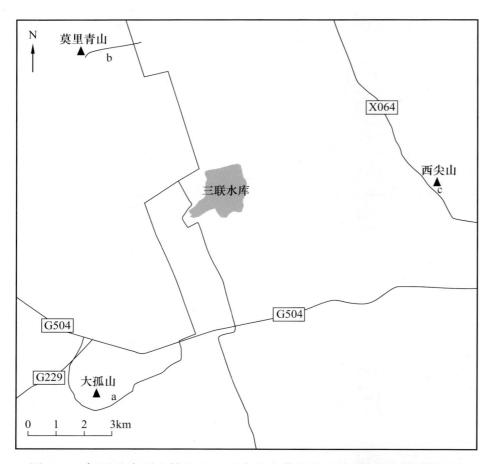

图7.25 伊通县大孤山镇北山—西尖山—莫里青山地质剖面地理位置图

7.3.2 实测剖面描述

伊通县大孤山北山火山岩、西尖山火山岩、莫里青山火山岩均属于伊通地堑新生代火山群。

该区伊通火山群是地幔里的岩浆多期次上涌侵出地表，后续岩浆上涌时，先出来的岩浆已经冷凝结晶，当时处于寒冷干燥的古气候环境，岩浆在热胀冷缩作用下形成现今的柱状节理，边缘柱状节理近水平，火山中心地带柱状节理近垂直，岩性主要为碱性橄榄玄武岩，是在太平洋板块俯冲作用下扩张造成的裂谷，相伴产生火山岩系列。

伊通古火山群地处松辽盆地东缘的伊通地堑中，区域地层岩性包括古生界、中生界、新生界的沉积岩、变质岩及岩浆岩。其中古生界岩层主要分布在外围山地和隆起带，中生界则分布于断陷盆地边缘和外围地区，新生界主要分布于断陷盆地内。火山群形成于新生代渐新世—上新世，是世界上少见的基性玄武岩"侵出式"为代表的独特的"伊通式"火山成因机制。火山群由16座火山锥组成，主要有东尖山、西尖山、大孤山、小孤山、莫里青山、马鞍山、横头山7座，当地群众称为"七星落地"。它们是北东向沿依兰—依通地堑呈两列分布。火山个体面积大小不一，大的有4km²，小的仅为0.0025km²，一般海拔230～430m。个体的形态多呈弯丘状或锥状，山顶圆滑，山坡较缓，冲沟不发育。该区火山群中大孤山（剖面a）北山的山体由橄榄玄武岩构成，其中的橄榄石俘虏体个体大小差异较大，大者直径为10～20cm，小者直径一般1～3cm。玄武岩柱状节理发育，石柱截面多呈五边形和六边形，直径20～50cm，部分剖面因被土石掩盖，可见柱体高度约为30m，发育放射柱状节理、弧状节理及倾斜柱状节理，发育大型气泡洞穴，柱状节理围绕洞穴呈放射状。西尖山（剖面c）和莫里青山（剖面b）节理较细，组合形态多变。薄片分析表明，该区不论是大孤山还是西尖山和莫里青山，橄榄玄武岩斑晶主要为橄榄石，部分具破碎、溶蚀现象，基质由斜长石微晶、粒状辉石、橄榄石及玻璃质组成，构成间粒—间隐结构。

伊通县大孤山镇北山—西尖山—莫里青山新生界地质剖面中的典型剖面及岩性的相关图片如图7.26至图7.41所示。

SE

图 7.26 新生界橄榄玄武岩，六边形柱状节理发育，节理直井一般在 20～50cm，倾斜或放射产状是不同期次所致，岩性为暗色碱性橄榄玄武岩，位于吉林省伊通县大孤山镇北山，剖面 a 左段，正视图

251

SE →

残留石英砂岩

图 7.27　新生界橄榄玄武岩，六边形柱状节理发育，产状变化较大，节理普遍较细小，一般在 20～40cm，玄武岩上部残留浅黄色石英砂岩岩体，位于吉林省伊通县大孤山镇北山，剖面 a 右段，右视图

图 7.28　橄榄玄武岩发育的倾斜柱状节理，倾角一般在 30°～60°，剖面 a 左段局部

图 7.29　橄榄玄武岩发育放射柱状节理、弧状节理及倾斜柱状节理，发育大型气泡洞穴，柱状节理围绕洞穴呈放射状，剖面 a 左段局部

图 7.30　橄榄玄武岩柱状节理与水平节理，柱状节理横断面多呈五边形及六边形

图 7.31　玄武岩中的橄榄石俘虏体，个体大小差异较大，大者直径为 10～20cm，小者直径一般为 1～3cm

图 7.32　橄榄玄武岩中的橄榄石捕房体组图

(a) 橄榄玄武岩手标本

(b) 橄榄玄武岩中橄榄石捕房体

(c) 橄榄玄武岩镜下照片（左为单偏光，右为正交光）

图 7.33　橄榄玄武岩

斑状间粒—间隐结构，斑晶为橄榄石、辉石，部分溶蚀，少量含有斜长石微晶。基质由板条状斜长石、粒状辉石、橄榄石及玻璃质组成，构成间粒—间隐结构

图 7.34　橄榄玄武岩柱状节理发育，可见两期作用形成的不同产状节理，位于吉林省伊通县莫里青山，剖面 b，正视图

图 7.35　玄武岩节理呈倾斜的产状向上部收敛，柱状断面多呈五边形或者六边形，直径一般不超过 40cm，剖面 b 局部，本图为图
7.34 黄框处

图 7.36　橄榄玄武岩手标本

图 7.37　橄榄粗玄岩手标本

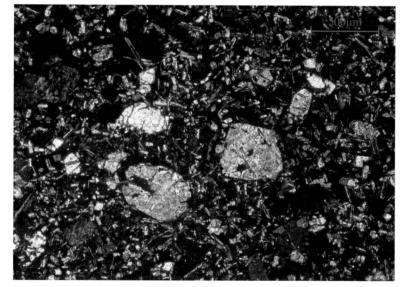

图 7.38　橄榄玄武岩显微镜下照片（左为单偏光，右为正交光）

斑状结构，斑晶主要为橄榄石，部分破碎、溶蚀。基质由斜长石微晶、粒状辉石、橄榄石及玻璃质组成，构成间粒—间隐结构

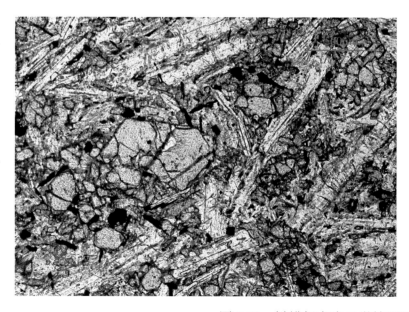

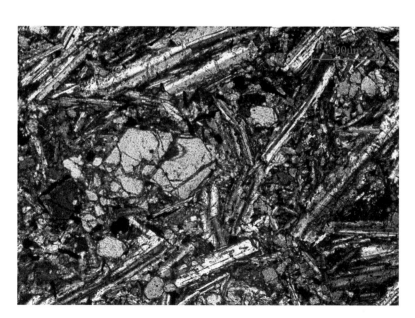

图 7.39　橄榄粗玄岩显微镜下照片（左为单偏光，右为正交光）

斑状间粒结构，斑晶较少，为橄榄石，具轻微蛇纹石化。基质由板条状斜长石（多大于 0.5mm）、粒状辉石、橄榄石及少量玻璃质组成，构成间粒结构

图 7.40　新生代橄榄玄武岩，柱状节理发育，节理直径可达 100cm，一般在 40～60cm，吉林省伊通县西尖山，剖面 c，正视图

图 7.41　橄榄玄武岩柱状节理断面呈六边形，断面直径近 50cm，表面因风化形成环形氧化圈层，也被称为李泽冈环

8 辽宁省昌图县地质剖面

8.1 泉头镇五色山泉头组建组剖面

8.1.1 交通及地理位置

泉头镇五色山剖面构造上属于松辽盆地东南隆起区，地理位置上位于辽宁省昌图县泉头镇籍家岭五色山，沿五色山岭分布，全长约1500m，高度约50m，出露地层厚度约610m（图8.1）。由于公路护坡、山林绿化保护及长期风化坍塌，导致现今可供观察的剖面长度不足300m，有公路在剖面下通过，剖面顶部是农田，坐标为124°11′47.2″E、42°51′56.2″N。

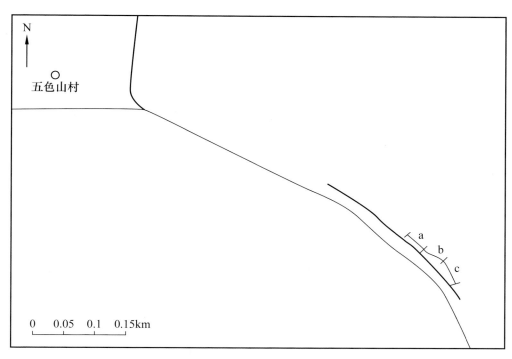

图8.1 泉头镇五色山泉头组建组剖面地理位置图

8.1.2 实测剖面描述

泉头镇五色山剖面为松辽盆地泉头组建组剖面，1926年日本人羽田重雄（Hada, J.）命名为"泉头层"，1959年地质部第二石油普查大队正式创名"泉头组"，废弃"泉头层"，时代属早白垩世末期。松辽盆地泉头组属浅湖相、浅滩相、湖滨相及冲积扇相，为紫红色泥质岩、含砂砾岩与灰白色、灰色砂砾岩互层，底部为砾岩，与下伏沙河子组及侏罗系为超覆不整合接触，与上覆青山口组呈整合接触，厚约615m（其实测剖面如图8.2所示）。泉头组自下而上分成四段，泉头组一段由紫红色砾岩、灰色砂岩、杂色泥岩组成；泉头组二段为紫红色泥岩与灰或灰白色砂岩互层；泉头组三段为灰白色砂岩、紫红色泥质粉砂岩、泥岩夹灰绿色泥岩和砂砾岩；泉头组四段由灰色粉细砂岩、灰绿色粉砂质泥岩及紫红色泥岩组成，该剖面整体为泉头组一段和泉头组二段，局部可观察部分为泉头组一段。

五色山泉头组自下而上发育辫状河相、曲流河、浅水三角洲相及冲积扇相4种类型。其中辫状河相发育河道、河漫2种亚相，河道亚相区分为滞留沉积、心滩2种微相，河漫亚相只发育河漫滩微相。曲流河相发育河道、堤岸及河漫3种亚相，河道沉积区分出滞留沉积、边滩2种微相，堤岸亚相区分出天然堤、决口扇2种微相，河漫亚相以河漫滩微相为主，三角洲相以三角洲平原相为主。

辫状河沉积垂向上深紫色、棕色泥岩，暗紫色—灰白色泥质粉砂岩、粉砂岩、细砂岩为主，岩性旋回不完整，大部缺失细砂岩—粗砂岩层，一般以泥质粉砂岩为主，每组旋回较薄（5~10m），每层砂岩厚1~3m。由于岩层致密且硬，含砂及钙质较高，小旋回发育，槽状交错层理发育，钙质结核丰富，直径2~7mm，呈不规则产状。含砂率约为70%，呈"砂包泥"的特征，识别出河道及河漫2个亚相。河道亚相单套厚层砂体最大厚度可达20m，表现为多期河道切割叠加形成的砂砾岩体，识别出滞留沉积和心滩2个微相，可见明显的滞留—心滩—滞留—心滩的沉积模式。河漫亚相发育于河道沉积之上，表现为红褐色粉砂质泥岩，为河漫滩沉积。滞留沉积发育于河道最底部，是河流水动力最强时短距离搬运的产物。露头的河床滞留沉积主要为褐红色泥砾。砾石主要来自源区，也有侵蚀冲积扇扇端泥岩而带来的泥砾，砾石磨圆度多为次棱角状—次圆状，分选中等，具叠瓦状定向排列。滞留沉积的单层厚度不大，一般为15~40cm，底部具明显冲刷面，向上过渡为心滩沉积。心滩发育在滞留沉积之上，下部粒度最粗，主要为含砾粗砂岩，向上粒度略微变细，总体上呈不太清晰的向上变细的沉积旋回。砂岩分选中等，磨圆度多为次棱角状到次圆状，砂岩成分以石英和岩屑为主，成熟度偏低。

心滩内普遍发育大型槽状交错层理，间或出现平行层理。由于前一期的心滩常遭受后一期河道的冲刷切割，因此心滩在垂向上可能保存不完整。河漫滩沉积表现为褐红色粉砂质泥岩，块状层理，层内见大量钙质结核，结核平均直径可达6cm，有些钙质结核集合体的直径可达10cm。泥裂大范围分布于整个漫滩沉积内部，无植物根茎，反映了泉头组沉积时干旱—半干旱的气候条件。砂岩成分以石英为主（含量40%~57%），长石（含量20%~40%），其次含燧石、云母、绿泥石，岩块中火成岩及变质岩为主，几乎没有沉积岩，长石以正长石为主（含量18%~35%），斜长石（含量3%~10%），微斜长石几乎不见，长石表面有些风化为高岭土。石英颗粒呈次圆状—次尖角状，局部具有次生加大和波状消光，胶结物以方解石为主，黏土及石膏次之，孔隙度平均在10.6%左右（5.0%~25.11%）。渗透性较差，一般小于1mD，$CaCO_3$含量一般为3%~7%，最高为10%。泥岩一般很致密，含砂量较高，泥质胶结为主，钙质胶结次之。

曲流河下部主要表现为棕红色、灰白色含砾砂岩与灰绿色粉砂质泥岩互层，识别出河道及河漫两种亚相。河道亚相表现为多期河道侧向叠加形成的砂体，叠加厚度最大可达7m，识别出滞留沉积和边滩两个微相，可见明显的滞留—边滩—滞留—边滩的沉积模式。河漫亚相主要表现为褐红色粉砂质泥岩，层内见大范围钙质结核和泥裂，无植物根茎，为河漫滩沉积。曲流河上部主要表现为灰白色中砂岩—细砂岩、灰白色粉砂岩—细砂岩与褐红色粉砂质泥岩不等厚互层及褐红色泥岩。河道亚相主要表现为灰白色中砂岩—细砂岩，偶见砾岩，砂体厚度1~4m不等，主要为边滩沉积，偶见滞留沉积，交错层理发育，砂岩及粉砂岩成分以石英为主，含较多量粉红色正长石及黑色矿物并含黄铁矿，分选不好。堤岸亚相主要表现为灰白色粉砂岩—细砂岩与褐红色粉砂质泥岩不等厚互层及灰白色中砂岩—细砂岩，识别出天然提和决口扇两种微相。河漫亚相主要表现为褐红色粉砂质泥岩夹薄层粉砂岩—细砂岩，为河漫滩沉积。滞留沉积主要由灰白色、浅黄色砂砾岩及含砾粗砂岩组成，多见于曲流河下部，成分以石英为主，次有长石、白云母及黑云母，及少许暗黑色矿物，颗粒形状棱角状—半棱角状，分选中等。砾石主要来自源区，也有侵蚀辫状河河漫滩泥岩而带来的泥砾。砾石磨圆度多为次圆状，分选中等，具叠瓦状定向排列。滞留沉积的单层厚度比辫状河略小，为10~30cm，底部具明显冲刷面，向上过渡为边滩沉积。边滩沉积发育在河床滞留沉积之上，边滩下部主要为粗砂岩—中砂岩，向上逐渐变为中砂岩—细砂岩，相比于辫状河心滩沉积，沉积物粒度变细。泥岩及砂质泥岩钙质及泥质胶结，较致密，含黄铁矿，粉砂岩分选好，颗粒半圆状—半棱角状，钙质胶结。曲流河下部的边滩厚度较大，内部发育大型板状交错层理，间或出现平行层理。曲流河中上部的边滩厚度较小，内部发育小型槽状交错层理。天然堤沉积发育与曲流河中上部，属垂向加积，主要表现为细砂岩、粉砂岩与褐红色泥岩的不等厚互层。天然堤间歇性受河水影响，受河水影响时，主要沉积细砂岩和粉砂岩；不受河水影响时，主要沉积泥岩。天然堤沉积的细砂岩和粉砂岩中主要发育小型交错层理、波纹交错层理和上攀层理。天然堤沉积的泥岩中常发育钙质结核和泥裂。决口扇的形成主要有两种方式：一种是迅速决口，决口后水流能量由强到弱，一般发育正粒序，此时决口扇底部一般可见冲刷面；另一种是缓慢决口，决口处范围逐渐扩大，直至被水流彻底冲开，这种情况一般发育反粒序。露头决口扇主要由细砂岩和粉砂岩组成，垂向上有正粒序的特征，应为迅速决口主要发育小型交错层理。河漫滩沉积发育于天然堤外侧，为褐红色粉砂质泥岩，但漫滩沉积厚度明显比辫状河漫滩沉积大，从曲流河下部到上部，漫滩沉积内的钙质结核含量逐渐降低，结核粒径逐渐变小，泥裂的分布范围也逐渐减小。

三角洲平原相发育灰白色细砂岩、粉砂岩及灰绿色泥岩，中上部有紫红色泥岩，底部为灰色泥砾岩，灰白色细砂岩、粉砂岩及灰绿色泥岩，发育小型交错层理。冲积扇相主要发育土黄色及紫红色砂砾岩，内部夹灰白色砂质条带，各冲积扇之间相互冲刷，形成明显的冲刷面，具突变接触的特征。

泉头镇五色山泉头组建组剖面上的典型剖面和岩性的相关图片如图8.3至图8.13所示。

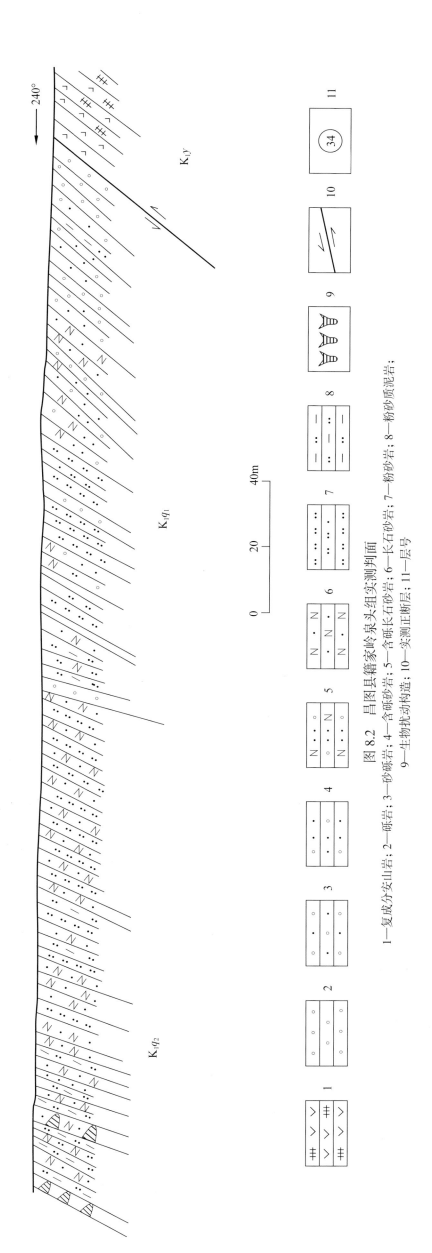

图 8.2 昌图县籍家岭泉头组实测判面

1—复成分安山岩；2—砾岩；3—砂砾岩；4—含砾砂岩；5—含砾长石砂岩；6—长石砂岩；7—粉砂岩；8—粉砂质泥岩；9—生物扰动构造；10—实测正断层；11—层号

SE

图 8.3　下白垩统泉头组建组剖面，由于长期风化坍塌及后期绿化改造剖面大部分植被遮盖，局部出露较好，位于辽宁省昌图县泉头镇五色山，剖面 a-b-c，左视图

SE

冲刷突变
侵蚀接触面

图 8.4　下白垩统泉头组，土黄色砂砾岩，下伏紫色砂砾岩，突变接触，冲积扇沉积，位于泉头镇五色山，剖面 a，右视图

图 8.5　下白垩统泉头组，紫色砂砾岩夹灰色含砾砂岩条带，下部风化土坡积裙覆盖，一水冲刷形成冲沟，位于泉头镇五色山，剖面 b，正视图

图 8.6　下白垩统泉头组，左侧厚层紫色泥质砂砾岩，右侧厚层灰色泥质砂砾岩二者突变接触，位于泉头镇五色山，剖面 c，右视图

图 8.7　大型槽状层理砂砾岩，发育 4 期河道叠加，具冲刷面及底砾岩，正旋回，整体具有透镜状，下部呈紫色，
向上变为灰白色，剖面 a 局部，左视图

图 8.8　下部浅水扇三角洲相，发育紫色含砾泥质砂岩及灰色含砾砂岩，上部河流相，发育大型槽状层理含砾砂岩，
可见多期河道冲刷界面，剖面 a 局部

图 8.9　水道砂体剖面总体呈反旋回特征，发育多期水道，砂体呈透镜状，晚期水道对早期水道侵蚀形成下凹形冲刷面，剖面 a 局部

(a) 槽状层理砂岩

(b) 槽状层理砂砾岩

(c) 砂砾岩，砾石定向排列

(d) 砾石磨圆度较好

(e) 钙质团块集合体

(f) 不规则钙质团块

图 8.10　剖面 a 中的特殊岩性及其集合体

图 8.11　密集分布的钙质团块

图 8.12　粗中粒长石石英砂岩标本照片

图 8.13　粗中粒长石石英砂岩镜下照片（左为单偏光，右为正交光）

粗砂质中砂状结构，颗粒排列紧密，长形颗粒略具定向排列，大小颗粒穿插。石英及部分长石具次生加大与再生胶结，岩块以酸性喷发岩、变质岩为主

268

8.2 白山村—碧水庄园—刺猬沟泉头组剖面

8.2.1 交通及地理位置

白山村—碧水庄园—刺猬沟剖面构造上位于松辽盆地东南隆起区，地理上位于辽宁省昌图县毛家店镇，均为修路开山形成的人工断崖，有村级公路通过，交通便利，周边为农田及村庄（图8.14）。白山村剖面（剖面a）位于白山村西头150m处乡村公路旁，剖面长约300m，高约15m，坐标为43°4′40.9″E、124°23′49.4″N。碧水庄园剖面（剖面b）位于白山嘴村碧水庄园西南方向350m处，剖面长约150m，高约20m，坐标为124°25′4.5″E、43°5′2.3″N。刺猬沟村剖面（剖面c）位于刺猬沟村北侧330处农田内，由农田修路取土形成的两条近似垂直的土崖（剖面c1和剖面c2），坐标为124°25′4.5″E、43°5′2.3″N。

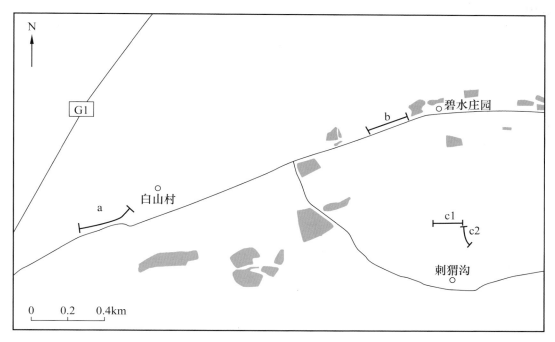

图8.14　白山村—碧水庄园—刺猬沟泉头组剖面地理位置图

8.2.2 实测剖面描述

白山村—碧水庄园—刺猬沟剖面属于早白垩世末期泉头组浅水三角洲沉积地层，该套地层在松辽盆地内广发育。属于河流相、三角洲相及滨浅湖相，总体为紫红色泥岩与灰白色或灰色钙质砂岩互层，底部为砾岩。自下而上分成四段，泉头组一段由紫红色砾岩、灰色砂岩、杂色泥岩组成；泉头组二段为紫红色泥岩与灰色或灰白色砂岩互层；泉头组三段为灰白色砂岩、紫红色泥质粉砂岩、泥岩夹灰绿色泥岩和砂砾岩；泉头组四段由灰色粉细砂岩、灰绿色粉砂质泥岩及紫红色泥岩组成。泉头组与下伏登娄库组在盆地边缘为超覆不整合接触，与上覆青山口组呈整合接触，具有由河流相向湖相演化的正旋回沉积特征。

泉头组的最大特点是砂岩中钙质胶结概率较高，广泛发育的紫红色泥中离散状及"串珠"状分布的钙质结核发育。钙质结核层的形成与气候因素有关，一般在半干旱地区的平原或低地由蒸发或淋滤作用形成，也有机械沉积的原生构造，其形成机制受水动力的控制，一般是在降雨量有限的地区形成，是一种重要的气候标志。因此，剖面密集分布的钙质结核表明泉头组沉积时期古气候环境较为干旱。

昌图县白山村（剖面a）、碧水庄园（剖面b）及刺猬沟（剖面c）剖面出露地层均为下白垩统泉头组三段。白山村剖面（剖面a）为大型槽状层理砂砾岩，下部含砾具冲刷面，呈正旋回，沿紫色泥岩层发育的钙质结核呈"串珠"状分布。碧水庄园剖面（剖面b）岩性为含密集钙质团块的紫红色泥岩上覆钙质含砾砂岩，可见冲刷面，沿紫色泥岩层发育的钙质团块呈"串珠"状分布。刺猬沟剖面（剖面c）岩性为厚层含砾砂岩夹薄层紫色泥质砂岩，发育大型斜层理、平行层理及大型槽状层理，X形节理，底部具有冲刷面。可见虫孔被砂岩充填，形成砂质柱痕。剖面发育一条高角度逆冲断层，说明受到过强烈的构造作用，断裂及剪切作用的发生，导致大量构造行迹（如剪切节理的形成），同时在断裂带常常显示出强烈的挤压破碎现象。

白山村—碧水庄园—刺猬沟泉头组剖面上的典型剖面和岩性的相关图片如图8.15至图8.35所示。

图 8.15　下白垩统泉头组三段，含钙质团块紫红色泥岩上覆厚层层质钙质砂岩，具突变接触，浅水三角洲沉积，位于辽宁省昌图县毛家店镇白山村，剖面 a 左段，左视图

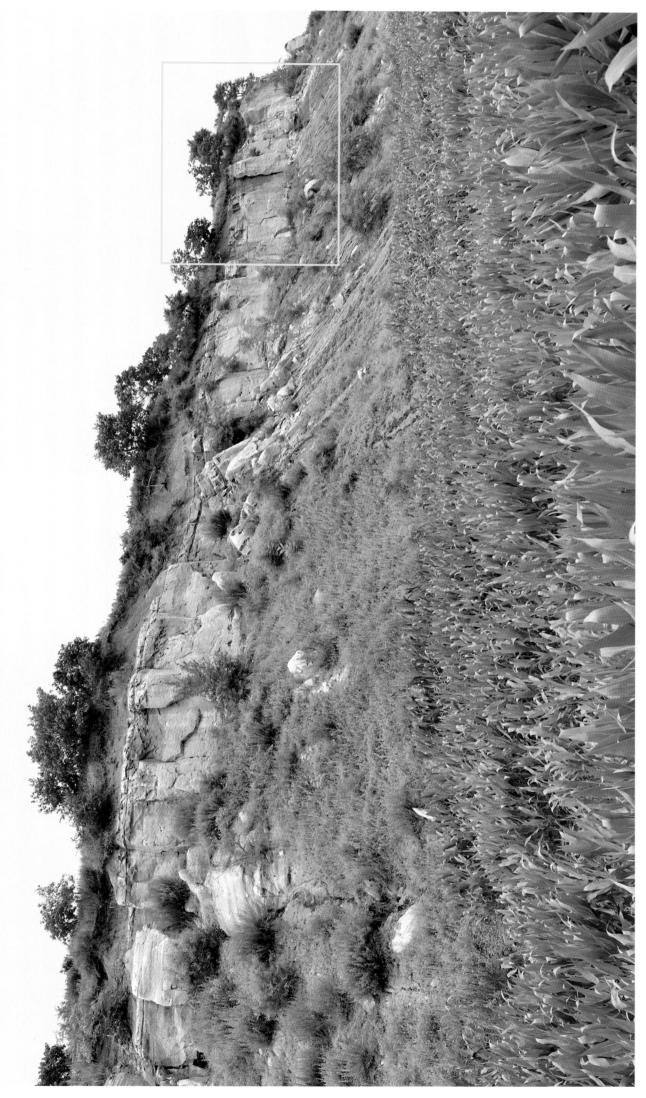

NE

图 8.16　下白垩统泉头组三段，含钙质团块紫红色泥岩上覆厚层钙质砂岩，具突变接触，浅水三角洲沉积，砂岩厚度约为 8m，具大型斜层理，底部发育含砾砂岩及冲刷面，紫色泥岩发育水平层理，夹钙质结核层，位于辽宁省昌图县毛家店镇白山村，剖面 a 右段，右视图

图 8.17　大型斜层理钙质砂岩，厚度约 8m，与下伏紫色泥岩呈突变接触，发育冲刷面，剖面 a 右段局部；本图为图 8.14 黄框处

钙质结核层

图 8.18　不规则钙质结核沿紫色泥岩层呈"串珠"状分布，厚度 5~15cm，横向分布稳定，剖面 a 右段局部

图 8.19　脱落与岩下的槽状层理粗砂岩

图 8.20　分布于紫色泥岩中的钙质团块

图 8.21　上部大型槽状层理粗砂岩，下部槽状层理含砾粗砂岩具冲刷面，砾石沿层理定向排列，整体具有正旋回特征

NE

图 8.22　下白垩统泉头组三段，含密集钙质团块的紫红色泥岩上覆钙质胶结含砾砂岩，可见冲刷面，浅水三角洲沉积，位于辽宁省昌图县毛家店镇碧水庄园，剖面 b 左段，正视图

图 8.23　上部沿层发育的钙质团块呈"串珠"状分布，下部不规则钙质团块断续分布于紫红色泥岩中，剖面 b 左段局部

NE

图 8.24 下白垩统泉头组三段，含密集钙质团块的紫红色泥岩上覆钙质胶结含砾砂岩，砂泥岩呈突变接触。浅水三角洲沉积，位于辽宁省昌图县毛家店镇碧水庄园，剖面 b 右段。右视图

图 8.25 钙质含砾砂岩，具变形层理，砂体呈透镜状，水体扰动卷入大量泥质，浊积水道沉积，剖面 b 右段局部，本图为图 8.24 黄框处

图 8.26 灰色钙质胶结平行层理细砂岩，岩性致密，表面风化略呈土黄色
（a）为新鲜面，（b）、（c）、（d）为风化面

(a) 底部含砾正旋回砂岩，具槽状层理及冲刷面

(b) 砂砾岩冲刷面底部正视图

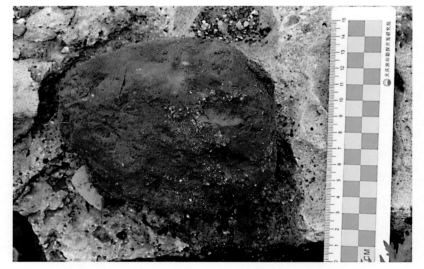

(c) 紫色泥岩中发育的钙质结核

(d) 钙质砂岩虫孔柱模，保留了原始形态

图 8.27　辽宁省昌图县毛家店镇碧水庄园泉头组剖面（剖面 b）典型地质现象

WE

图 8.28 下白垩统泉头组三段，发育大型斜层理及大型槽状层理，右侧底部具有冲刷面，左侧发育小型逆断层，浅水三角洲分流河道沉积，位于辽宁省昌图县刺猬沟，剖面 c1，正视图

SSE

大型槽
状层理

图 8.29　下白垩统泉头组三段，发育大型槽状层理，浅水三角洲分流河道沉积，位于辽宁省昌图县刺猬沟，剖面 c2 右段，左视图

SSE

逆断层

图 8.30　下白垩统泉头组三段，浅水三角洲分流河道砂体，局部发育小型逆断层，位于辽宁省昌图县刺猬沟，剖面 c2 左段，右视图

图 8.31 紫红色泥岩中被砂质充填虫孔柱模，柱模钙质胶结，脱落后保留原始形态的柱模（剖面 c2）

图 8.32 砂岩中的虫孔柱模，风化后呈凸起状
（剖面 c2 落石）

图 8.33 风化后脱落的紫红色泥岩中的钙质团块，
剖面 c2 局部，右侧

(a) 钙质砂岩中发育的虫孔，被含紫色泥岩的砂岩充填，剖面c1

(b) 平行层理砂岩顶面发育的虫迹，剖面c1

图 8.34　剖面 c1 上的典型地质现象（一）

(c) 大型斜层理砂岩，剖面c1

(d) 发育逆断顶部形成小型背斜隆起，剖面c1

图 8.34 剖面 c1 上的典型地质现象（一）（续）

(e) 大型槽状层理，底部发育冲刷面，剖面c1

(f) 厚层含砾砂岩夹薄层紫色砂质泥岩，底部冲刷面，剖面c1

图 8.34　剖面 c1 上的典型地质现象（一）（续）

(a) 发育大型槽状层理及冲刷面，剖面 c1

图 8.35　剖面 c1 上的典型地质现象（二）

逆断层

(b) 逆断裂，断距约1.0m，剖面c1

图 8.35　剖面 c1 上的典型地质现象（二）（续）

剪切节理

(c) "X" 形剪切节理，剖面 c1

图 8.35　剖面 c1 上的典型地质现象（二）（续）

9 内蒙古自治区松辽盆地西缘地质剖面

9.1 阿荣旗霍尔奇镇阿伦河桥头—石油矿村地质剖面

9.1.1 交通及地理位置

阿荣旗霍尔奇镇伦河桥头—石油矿村剖面位于松辽盆地西部斜坡区的内蒙古自治区阿荣旗霍尔奇镇，均为工程取土及修路开山形成的人工断崖（图9.1）。剖面延伸总长度约4000m，可共观察的及描述的地段分别位于两侧的石油矿村（剖面a）及阿伦河桥头（剖面b），剖面具有村级公路通过，附近为山地农田及村庄。石油矿村剖面长约50m，高约10m，地层出露良好，坐标为123°16′26.8″E、48°22′1.5″N。伦河桥头剖面（剖面b）全长约1000m，高度50~80m，为工程开山形成的半壁山式断崖，坐标为123°13′11.6″E、48°22′46.4″N。

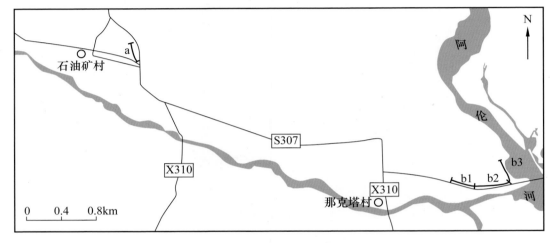

图9.1 阿荣旗霍尔奇镇伦河桥头—石油矿村地质剖面地理位置图

9.1.2 实测剖面描述

石油矿村剖面（剖面a）为与松辽盆地相连的大杨树盆地白垩系九峰山组油页岩，岩石剖面由于表面被风化而呈棕黄色、棕褐色，新鲜面为黑灰色及黑色，具水平层理，页理发育，含丰富的叶肢介化石，页岩中夹薄层凝灰岩及粉砂岩，偶见变形层理及波痕，可见离散分布的透镜状白云岩（刘兴兵等，2008）。本次研究中发现该剖面油页岩中有三尾拟蜉蝣和狼鳍鱼等生物化石产出。透射光白光和荧光微观照片显示，页理厚约0.5mm的黑灰色页岩，可见层状藻发育，并有荧光显示，而页理厚约1mm的黑灰色页岩透射光白光和荧光微光照片虽然可见层状藻较发育，但荧光显示不如页理约0.5mm的黑灰色页岩强烈。

霍尔奇镇阿伦河桥头剖面（剖面b）属于侏罗系，具有火山岩与沉积岩夹侵入岩岩床的"馅饼"式结构。剖面b1下部地层发育岩浆岩，以垂直节理浅黄色辉绿岩为主，辉绿岩层具有典型的岩床式产状，可见气孔和杏仁构造。上覆沉积岩地层，为砂砾岩夹泥质粉砂岩，局部剖面可见厚层大型斜层理砂岩及上覆的灰绿色页岩。剖面b2辉绿岩沿层侵入沉积岩中形成岩床，上覆砂岩、砂砾岩、页岩及流纹岩互层，下伏页岩夹薄层砂岩。显微镜下照片观察表明，凝灰岩为中酸性岩屑晶屑凝灰岩，凝灰结构，凝灰物质由晶屑、岩屑及少量火山灰组成，晶屑为石英、斜长石、钾长石，多呈棱角状，部分具熔蚀现象，岩屑以中性喷发岩、酸性喷发岩、凝灰岩为主，火山灰具重结晶。流纹岩在显微镜下观察，实际为流纹质岩屑玻屑凝灰岩，具凝灰结构，凝灰物质由少量晶屑、岩屑及大量火山灰、玻屑组成，晶屑为石英、斜长石，多呈棱角状，岩屑以凝灰岩为主，玻屑呈弓状、鸡骨状、多角状等，火山灰具黏土化。剖面b3剖面为一套扇三角洲相沉积地层，发育大型铁质结核，地层倾角约为5°。主要发育扇三角洲前缘和扇三角洲平原两种亚相类型，剖面可见两个亚相明显的分界线，界线下部为三角洲前缘相，发育反旋回沉积，岩性以含砾砂岩与粉砂质泥岩及泥质粉砂岩互层沉积为主，下部为含砾砂岩，向上逐渐过渡为粉砂质泥岩，呈现快速进积的层序结构。界线之上为扇三角洲平原亚相，地层呈正旋回特征，发育退积型层序地层。

阿荣旗霍尔奇镇阿伦河桥头—石油矿村地质剖面上的典型剖面和岩性的相关图片如图9.2至图9.26所示。

图 9.2　大杨树盆地白垩系九峰山组油页岩，具水平层理，含丰富的叶支介化石，夹薄层凝灰岩，断陷湖泊沉积，位于内蒙古自治区阿荣旗霍尔奇镇石油矿村，剖面 a

图 9.3　页岩具水平层理，页理发育，含丰富的叶肢介化石，页岩中夹薄层凝灰岩及粉砂岩，剖面 a 左段，本图为图 9.2 黄框处

图 9.4　页理发育的油页岩，中间可见多层灰白色凝灰岩夹层，剖面 a 左段局部，本图为图 9.3 黄框处

(a) 密集堆积的叶肢介化石

(b) 页岩与凝灰岩及泥质粉砂岩互层

(c) 页岩含泥砾

(d) 页岩中的粉砂质纹层

(e) 页岩中发育的变形层理及波痕

图 9.5　剖面 a 中的地质现象

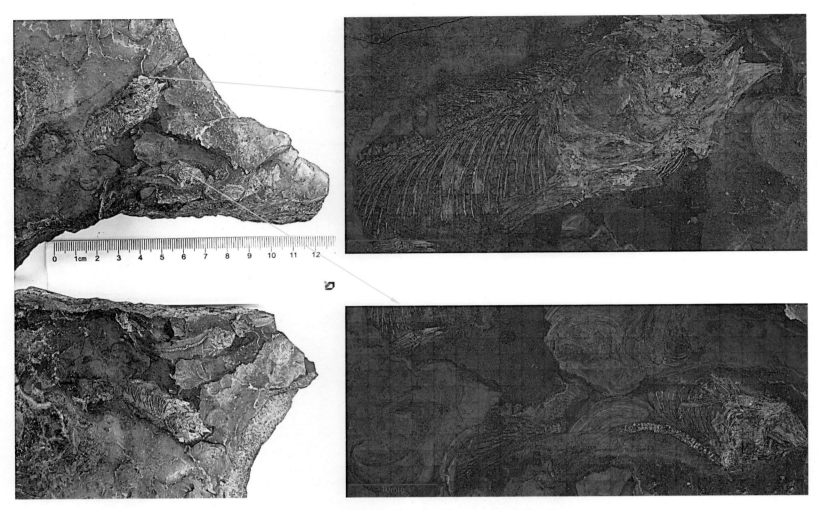

图 9.6　页岩中保存的狼鳍鱼化石，反射光，显微镜下放大 50 倍

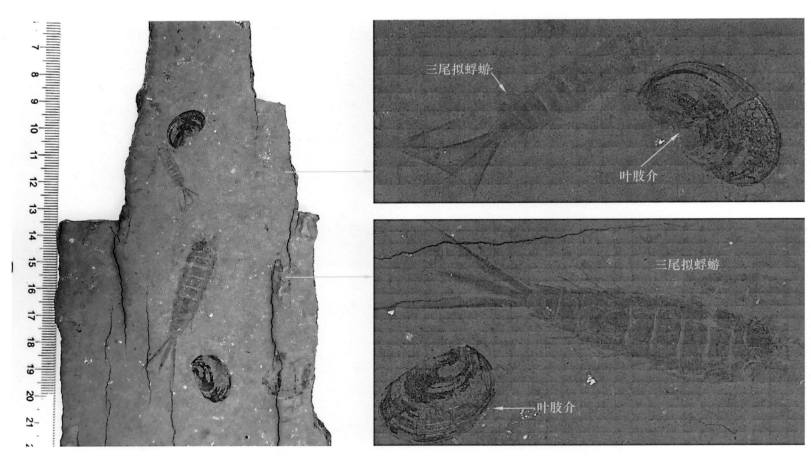

图 9.7　页岩中保存的三尾拟蜉蝣及叶肢介化石，反射光，显微镜下放大 50 倍

(a) 灰黑色页岩，表面被氧化，页理厚约1mm

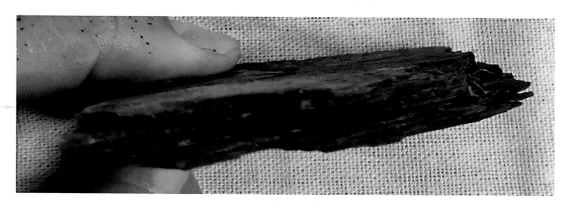

(b) 黑灰色页岩，新鲜断面，页理厚约0.5mm

图 9.8 不同页理厚度的页岩标本

(a) 黑灰色页岩荧光全景照片，页理厚约0.5mm   (b) 黑灰色页岩荧光全景照片，页理厚约1mm

约1cm

图 9.9 不同页理厚度的黑灰色页岩荧光全景照片

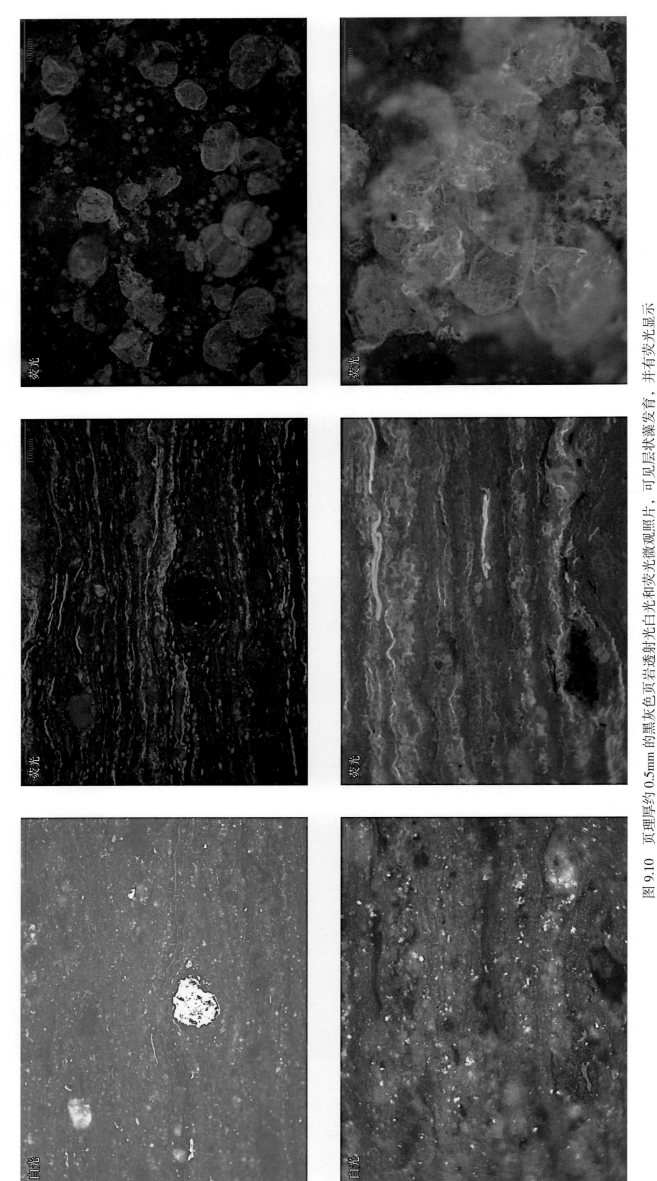

图 9.10　页理厚约 0.5mm 的黑灰色页岩透射光白光和荧光微观照片，可见层状藻发育，并有荧光显示

左图（上下）为不同放大倍数的顺层岩岩石白光薄片，可见顺层分布层状藻；

中图（上下）为不同放大倍数的顺层岩岩石荧光薄片，可见荧光下层状藻成黄色；

右图（上下）为不同放大倍数的横切岩石荧光薄片，可见层状藻横切面为近圆形、大小不一，黄色荧光

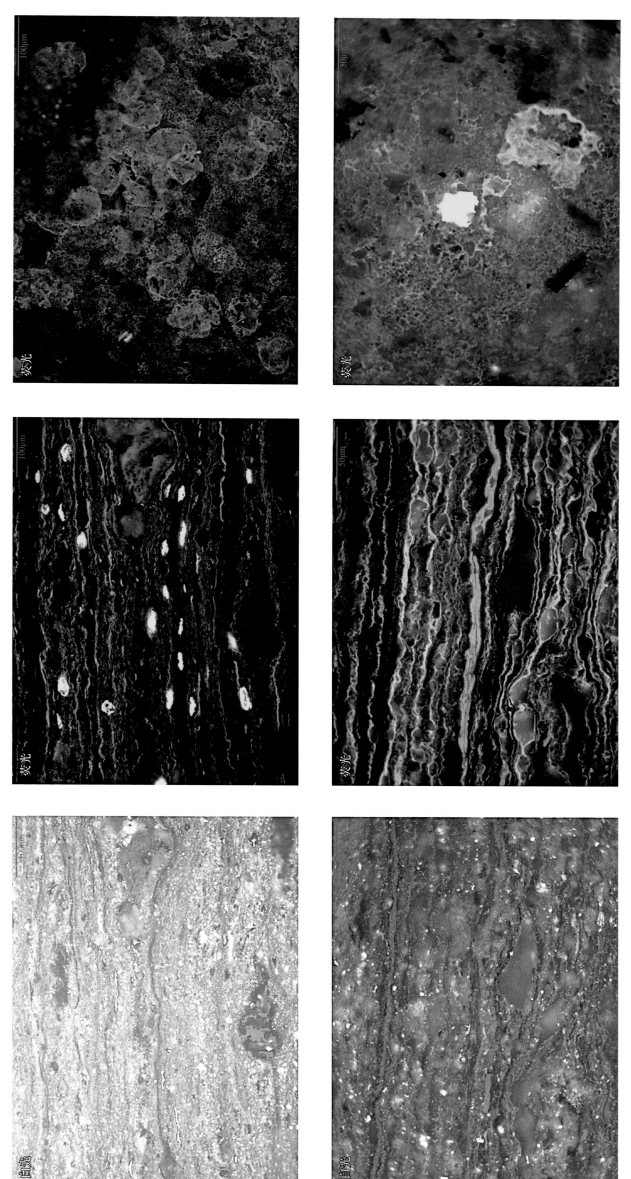

图 9.11 页理厚约 1mm 的黑灰色页岩透射光白光和荧光微光照片，可见层状藻较发育，荧光显示不如页理约 0.5mm 的黑灰色页岩强烈。下图为上图的放大照片，可见层状藻在荧光下呈淡黄色、亮黄色；右图为中图的横切面，可见近圆形层状藻呈现黄色荧光显示

图 9.12 大杨树盆地侏罗系侵入岩与沉积岩，剖面位于内蒙古自治区阿荣旗霍尔奇镇阿伦河桥头，剖面 b1 左段，正视图

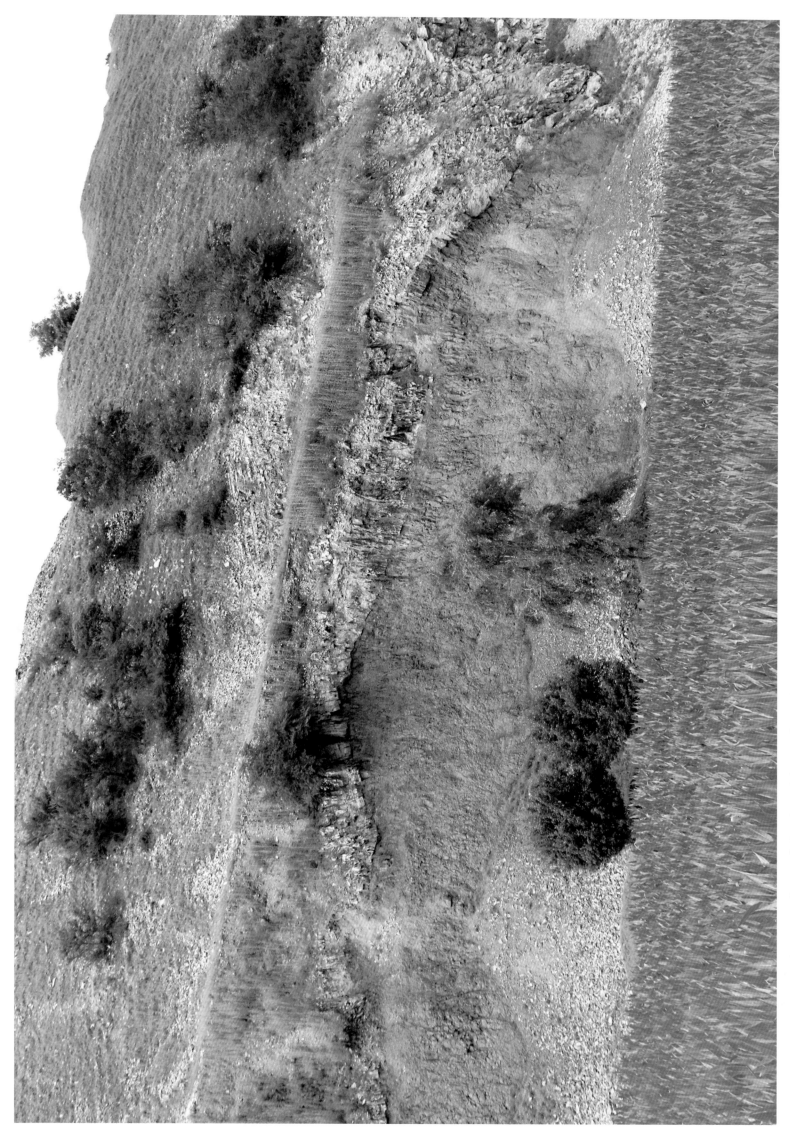

图 9.13 下部具垂直节理辉绿岩层岩侵入岩床，上部具倾斜产状的砂泥岩互层层沉积岩，剖面 b1 中下部，正视图，本图为图 9.12 ①号黄框处

图 9.14　厚层大型斜层理砂岩上覆水平层理灰绿色页岩，剖面 b1 左上，正视图，本图为图 9.12 ②号黄框处

图 9.15　辉绿岩沿层侵入沉积岩中形成岩床，上覆砂岩、砂砾岩、页岩及流纹岩互层，下伏页岩夹薄层砂岩，剖面 b2，正视图

图 9.16　具垂直节理辉绿岩侵入岩床，剖面 b2 局部，本图为图 9.15 黄框处

(a) 辉绿岩

(b) 流纹岩，气孔构造

(c) 辉绿岩垂直节理

(d) 砂砾岩

(e) 厚层凝灰质粉砂岩

图 9.17　不同类型剖面 b2 上的岩类

WE →

NNW

泥石流扇三角洲

辫状河三角洲

图 9.18 松辽盆地西北部大杨树盆地侏罗系扇三角洲相，底部砂岩，中部页岩夹凝灰岩，上部晶屑屑凝灰岩，剖面位于阿荣旗霍尔奇镇阿伦河桥头，剖面 b3，正视图，广角拍摄

WE

图 9.19　扇三角洲前缘相，含砾砂岩与粉砂质及泥质粉砂岩互层层沉积，具对称型进积叠序结构，剖面 b3 左段，右视图

NNW

图 9.20　扇三角洲平原与前缘相，地层呈反旋回特征，具快速进积层序结构，剖面 b3 中段，左视图

303

图 9.21　扇三角洲平原大型点坝相厚层砂岩发育铁质结核，剖面 b3 右段，右视图

图 9.22　突出围岩的大型铁质结核具球状几何形态，剖面 b3 右段局部，本图为图 9.21 黄框处

304

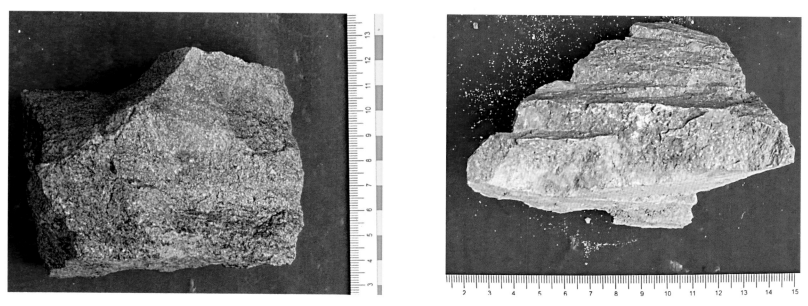

图 9.23 中酸性岩屑晶屑凝灰岩

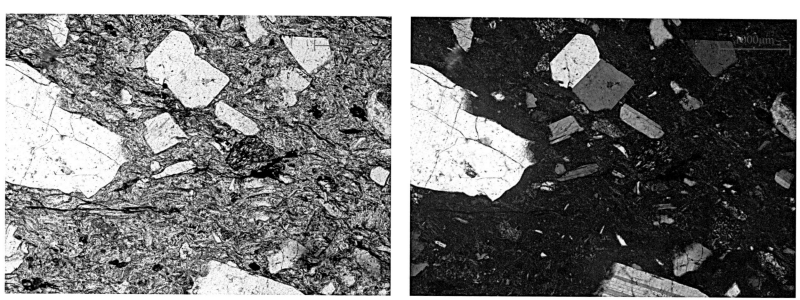

凝灰结构，岩石由凝灰物质组成。凝灰物质由晶屑、岩屑及少量火山灰组成，晶屑为石英、斜长石、钾长石，多呈棱角状，部分具熔蚀现象。岩屑以中、酸性喷发岩、凝灰岩为主，火山灰具重结晶

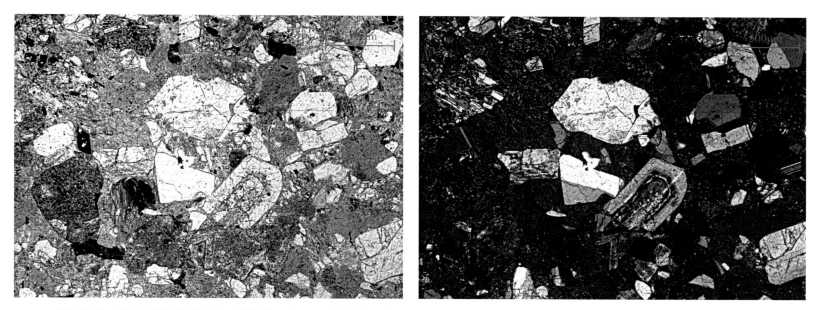

凝灰结构，岩石由凝灰物质组成。凝灰物质由晶屑、火山灰、玻屑及少量岩屑组成，晶屑为石英、斜长石及少量黑云母，多呈棱角状，部分具熔蚀现象。岩屑以中、酸性喷发岩、凝灰岩为主。玻屑呈弓状、鸡骨状、多角状等。火山灰具黏土化

图 9.24 中酸性岩屑晶屑凝灰岩镜下照片（左为单偏光，右为正交光）

305

图 9.25 中酸性岩屑晶屑凝灰岩和流纹质岩屑玻屑凝灰岩

 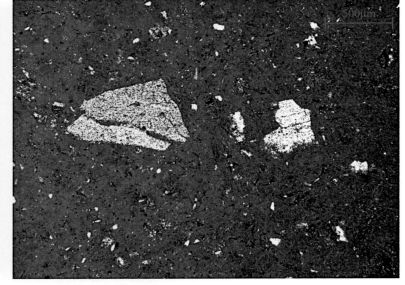

中酸性岩屑晶屑凝灰岩镜下照片 (左为单偏光，右为正交光)

凝灰结构，岩石由凝灰物质组成。凝灰物质由少量晶屑、岩屑及大量火山灰、玻屑组成，晶屑为石英、斜长石、钾长石，
多呈棱角状，部分具熔蚀现象。岩屑为少量中、酸性喷发岩。玻屑呈弓状、鸡骨状、多角状等。火山灰具黏土化

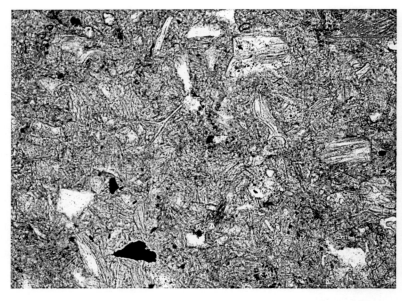 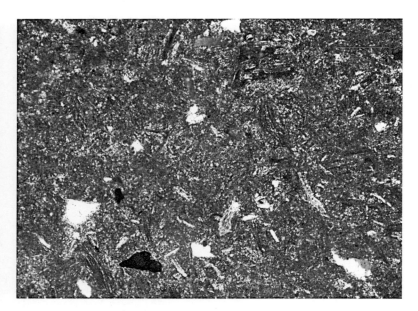

流纹质岩屑玻屑凝灰岩镜下照片 (左为单偏光，右为正交光)

凝灰结构，岩石由凝灰物质组成。凝灰物质由少量晶屑、岩屑及大量火山灰、玻屑组成，晶屑为石英、斜长石，
多呈棱角状。岩屑以凝灰岩为主。玻屑呈弓状、鸡骨状、多角状等。火山灰具黏土化

图 9.26 中酸性岩屑晶屑凝灰岩和流纹质岩屑玻屑凝灰岩镜下照片

9.2 内蒙古自治区扎赉特旗图牧吉镇嫩江组油砂矿坑

9.2.1 交通及地理位置

图牧吉镇剖面位于松辽盆地西部斜坡的内蒙古自治区兴安盟扎赉特旗图牧吉镇种驴场（图9.33），是人工挖掘土石发现的油砂矿坑，呈不规则环形，长轴约300m，短轴100~200m，坑深10~20m，大量积水后作为鱼塘使用。油砂堆积岸边，可供考察和取样分析使用。有一条乡级公路通过，交通便利，周边是农田和草场。坐标为122°36′17.6″E、46°25′50.3″N。

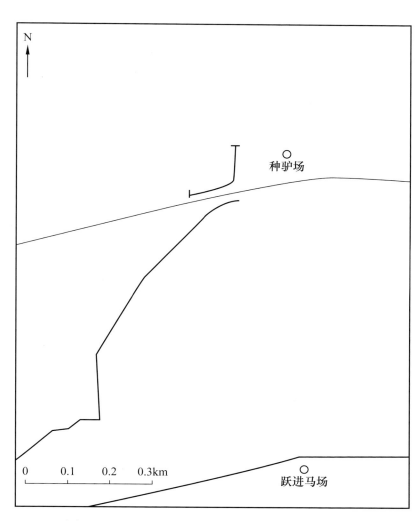

图9.27　图牧吉嫩江组油砂矿坑地理位置分布图

9.2.2 实测剖面描述

图牧吉剖面位于松辽盆地西部斜坡的盆缘超覆带，所展示的油矿为嫩江组一段油砂，是一种沥青、砂、富黏土和水的混合物，其中，沥青含量为10%~12%，沙和黏土等矿物占80%~85%，余下为3%~5%的水（图9.28、图9.29）。具有高密度、高黏度、高碳氢比和高金属含量的油砂沥青油。油源对比表明，图牧吉嫩江组一段油砂原油发生过强烈的生物降解作用，但 m/z 为191质量色谱对比发现，图牧吉油砂与来28井、富718井原油具有亲缘关系，都来自嫩江组和青山口组烃源岩。油砂主要沉积相带为三角洲外前缘席状砂、河口沙坝和水下分流河道砂。通过砂体粒度分析表明，粒度适中，分选性、磨圆度都较好，储层砂体孔隙度高。该套砂体沉积时期水体相对较深，河流与湖泊水动力条件较弱，同时受物源供给与水动力条件的制约，砂体规模普遍较小，砂层横向上变化迅速，沉积复杂，造成了砂体相对分散、连片性较差的特点，这也导致储层被湖相烃源岩所包裹，有利于透镜状岩性油藏的发育。

由于本地区长期处于剥蚀状态，油砂埋藏浅，成岩作用弱，储层疏松，同时地下水侵蚀也较强，在表层河流侵蚀下，泥岩盖层缺失处很难形成油砂矿，即使存在少量油砂矿，丰度变低，油质也明显变差（图9.30）。因此，好的封闭条件是在浅表层形成规模油砂矿的一个必要条件，第四系强烈的剥蚀作用使本已复杂的油砂进一步遭到破坏。因此，图牧吉地区油砂从丰度和规模上看工业价值较低。

图 9.28 上白垩统嫩江组油砂岩矿苑，人工采出的油砂堆积于嫩江组黄色黄色砂岩之上，油砂风化后表面呈灰色和灰黄色，位于内蒙古自治区扎赉特旗图牧吉镇西侧种驴场剖面左端

图 9.29 上白垩统嫩江组油砂岩矿坑，地表为采出的油砂堆积起，剖面位于内蒙古自治区扎赉特旗图牧吉镇右端

图 9.30　牧吉嫩江组油砂矿，新鲜面呈黑褐色，风化后呈灰色，是一种沥青、粗砂—细砂岩及富黏土矿和水的混合物
储层砂体成分以长石、岩屑为主，含量 50%～70%，其次为石英，含量 20%～40%。储集性好的砂体粒度在 0.1～0.2mm，粒度过大或过小都会影响储层
储油性。主要胶结物为泥质、少量钙质。岩石结构松散，总体物性较好。原油正构烷烃完好，芳香烃组分萘、菲系列化合物保存完整，为正常原油。原
油品质较好，但受到严重生物降解，饱和烃组分中正构烷烃完全消失，支链烷烃也大部分被消耗，其生物降解程度达到 8 级

10 黑龙江省齐齐哈尔市甘南县四方山水库地质剖面

10.1 交通及地理位置

四方山水库剖面位于松辽盆地西北部与大兴安岭交接地带，地理上位于黑龙江省齐齐哈尔市甘南县中兴乡刘家店村（图10.1），距四方山水库大坝300m。剖面是一个火山岩残留的山丘，因工程取石形成的半壁山型断崖，背靠公路，面对水库，有沙石路与县道连接，交通便利。剖面高20~30m，延伸约600m，坐标为123°24′37.6″E、47°46′24.3″N。

10.2 实测剖面描述

四方山水库剖面为白垩系火山岩，上部安山岩，中部火山碎屑岩，底部玄武岩，安山岩层底部与火山碎屑岩突变接触，岩层裂隙发育，沿断层有安山岩变质现象。玄武岩显微镜下观察表明，属于橄榄玄武岩，岩石具斑状结构，基质具填间结构，斑晶主要为橄榄石，具伊利石及绿泥石化，少量斜长石，

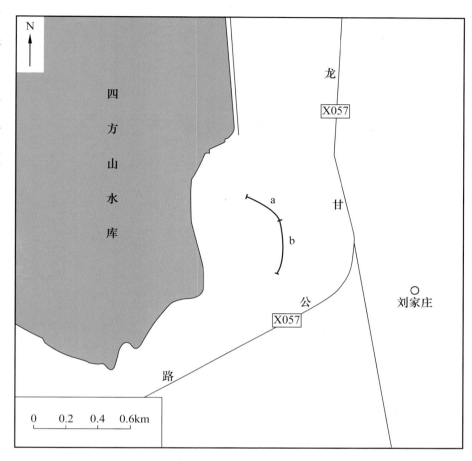

图10.1 甘南县四方山水库剖面地理位置分布图

基质具填间结构，板条状斜长石微晶格架间充填粒状橄榄石、玻璃质等，不规则气孔中充填绿泥石。玄武岩杏仁构造内主要以二氧化硅充填形成的玛瑙石，个体差别大，形态各异，包浆颜色不同。玛瑙石主要充填二氧化硅，同时还有次生方解石，可见复三方偏三角面体方解石晶体。安山岩是中性的钙碱性喷出岩，颜色为黄色，显微镜下观察表明，属于粗安岩。岩石斑状及联斑结构，基质具填间结构，斑晶主要为斜长石、钾长石，偶见石英。长石斑晶呈自形—半自形，部分聚集呈联斑结构，并多具熔蚀麻点结构。基质具填间结构，主要由针状微晶、他形状、少量板条状钾长石、少量暗色矿物组成。

剖面还发育玄武粗安岩，显微镜下观察表明，具斑状结构、聚斑结构，基质具间粒、交织结构，主要由针状钾长石微晶、暗色矿物及少量板条状钾长石组成。斑晶主要为钾长石、斜长石、橄榄石、辉石，偶见石英，暗色矿物具绿泥石化，长石斑晶呈自形—半自形，部分聚集呈聚斑结构，并多具熔蚀麻点结构。

火山碎屑岩是由于火山喷发所产生的各种碎屑物质经过短距离搬运沉积形成的岩石，是介于岩浆熔岩和沉积岩之间的过渡类型，其中50%以上的成分是由火山碎屑流喷出的物质组成，这些火山碎屑主要是火山上早期凝固的熔岩通道周围在火山喷发时被炸裂的岩石形成的。从物质成分上看，火山碎屑岩与相应的熔岩有密切关系，在空间分布上二者也经常共生。在结构构造上则又与沉积碎屑岩有相似之处，但又有很大差别。火山碎屑岩的碎屑多具棱角，分选性很差，成分和结构、构造变化很大，常缺乏稳定的层理，一般火山碎屑岩所含火山碎屑物占50%以上。该剖面火山碎屑岩分布于下部玄武岩和上部安山岩之间，呈紫红色，出露高度2~5m。

黑龙江省齐齐哈尔市甘南县四方山水库地质剖面上的典型剖面和岩性的相关图片如图10.2至图10.17所示。

图 10.2　白垩系火山岩，上部安山岩，中部火山碎屑岩，底部玄武岩，位于黑龙江省齐齐哈尔市甘南县四方山水库，剖面 a

SN

火山碎屑岩

SE

风山岩

风山岩

图 10.3 白垩系火山岩，安山岩与火山碎屑岩及玄武岩剖面，风化导致剖面大部分被火山碎屑遮掩，形成整体暗紫色表面，新鲜面可以分辨岩性岩性分布，位于黑龙江省齐齐哈尔市甘南县四方山水库，剖面 b

图 10.4 橄榄玄武岩与安山局部放大照片，橄榄玄武岩呈暗　　图 10.5 杏仁状玄武岩，构造杏仁状玄武岩，构造中矿物多
　　　　色，安山岩呈黄白色，具有气孔和杏仁构造　　　　　　　　　　为硅质填充

图 10.6 安山岩层底部与火山碎屑岩突变接触，岩层裂隙发育，沿断层有安山岩变质现象，剖面 a 局部

图 10.7　火山碎屑岩中的复三方偏三角面体方解石晶体

图 10.8　火山碎屑岩中的玛瑙石，内腔方解石充填

图 10.9　玛瑙石主要充填二氧化硅，同时还有次生方解石结晶

图 10.10　杏仁构造的玄武岩，杏仁由硅质充填形成，成熟者为小型玛瑙石
杏仁孔隙被小型玛瑙石充填的玄武岩

图10.11　玄武岩杏仁构造内主要以二氧化硅充填形成的玛瑙石，个体差别较大，形态各异，表层氧化后形成不同颜色包浆

图10.12　橄榄玄武岩

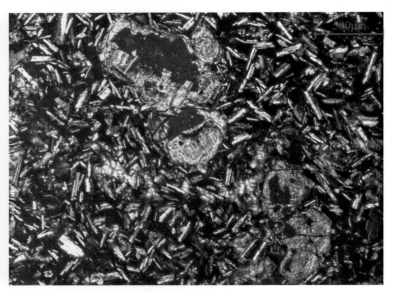

图10.13　橄榄玄武岩显微镜下照片（左为单偏光，右为正交光）

斑状结构，基质具填间结构，斑晶主要为橄榄石，具伊利石化、绿泥石化。少量斜长石，基质具填间结构，板条状斜长石微晶格架间充填粒状橄榄石、玻璃质等，不规则气孔中充填绿泥石

图 10.14　粗安岩标本　　　　　　　　　　　　　　图 10.15　玄武粗安岩标本

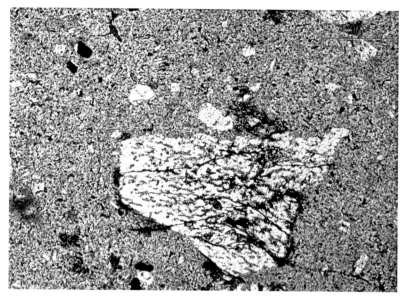

图 10.16　粗安岩显微镜下照片（左为单偏光，右为正交光）

斑状结构、联斑结构，基质具填间碱结构，斑晶主要为斜长石、钾长石，偶见石英，长石斑晶呈自形—半自形，部分聚集呈联斑结构，并多具熔蚀麻点结构。基质具填间结构，主要由针状微晶、他形粒状、少量板条状钾长石、少量暗色矿物组成

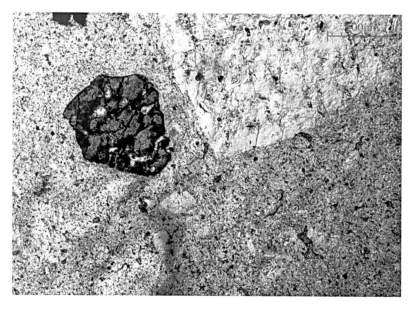

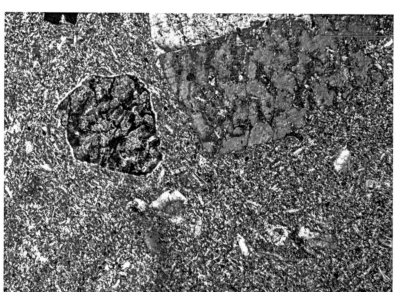

图 10.17　玄武粗安岩显微镜下照片（左为单偏光，右为正交光）

斑状结构，聚斑结构，基质具间粒、交织结构，斑晶主要为钾长石、斜长石、橄榄石、辉石，偶见石英，暗色矿物具绿泥石化，长石斑晶呈自形—半自形，部分聚集呈聚斑结构，并多具熔蚀麻点结构。基质具间粒、交织结构，主要由针状钾长石微晶、暗色矿物及少量板条状钾长石组成

11　松辽盆地古生界与三叠系地质剖面

11.1　黑龙江省龙江县刘家窑三叠系地质剖面

11.1.1　交通及地理位置

龙江县刘家窑剖面位于松辽盆地东北部与大兴安岭东斜坡交接的地带，地理上位于黑龙江省龙江县刘家窑东侧（图 11.1），是河流冲刷及局部工程开路形成的长条状山崖，地层出露良好，无植被覆盖，人可攀登，有公路从山崖下通过，交通便利。剖面总长约 600m，高度 20~40m，坐标为 122°25′20.5″E、47°22′6.9″N。

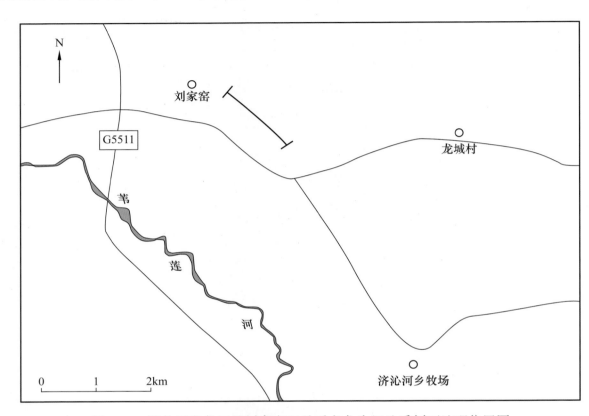

图 11.1　黑龙江省龙江县刘家窑三叠系老龙头组地质剖面地理位置图

11.1.2　实测剖面描述

龙江县刘家窑剖面属于三叠系老龙头组，属于陆相沉积夹火山岩沉积体系。岩性为大型火山岩沉积，向上过渡为大型砂砾岩及浅水湖泊相沉积，可见水下扇沉积体。火山岩主要为熔结凝灰岩和流纹质凝灰岩，熔结凝灰岩发育厚度约为 100m，颜色呈青灰色，风化面略呈土黄色，流纹质凝灰岩厚度约为 20m，岩石呈灰白色，风化面呈浅黄色。砂砾岩属于大型泥石流沉积，由于泥质胶结，颜色为暗灰色或黑色，单层厚度变化大，追溯几百米地层变成含砾砂岩及细砂岩，早期扇体遭受侵蚀形成明显的冲刷面，扇体发育大型斜层理，沿层理砾石定向排列，具有韵律性变化特征（图 11.2）。砂砾岩中砾石有一定的分选和磨圆度，局部见大于 10cm 的砾石，以花岗岩砾石为主，单层发育下粗上细的粒序层理，多个粒序层理组合形成韵律性层理（图 11.3）。该剖面在厚层砂砾岩层中还发育水下扇沉积，扇体与下伏泥岩呈突变接触，砂岩具块状及平行层理，发育泄水构造，风化后呈现火焰状不规则条痕，砂岩单层厚度 1.0~1.5m，扇体由多层砂岩叠置，夹层厚度 0.1~0.6m，岩性为含砾粉砂质泥岩，发育波状层理，扇体总体具有对称性旋回特征（图 11.2 至图 11.6）。

老龙头组属于下三叠统，是黑龙江省地质矿产局区测二队刘步昌等以龙江县济沁河乡孙家坟东山及老龙头剖面为层型建立的，主要以红杂色泥岩、粉砂岩、砂岩、砂砾岩为主要岩性组合，夹或不夹中性火山岩或中酸性火山岩，其中 I 段底部为灰白色长石石英粗砂岩，向上则以淡黄绿色复矿砂岩为主，夹黄绿色泥质板岩，厚 420m。刘家窑老龙头组地质剖面，距离建组剖面直线距离不足 6km，但由于建组剖面风化及植被覆盖等因素不利于拍照和整体考察，根据地层产状及岩性组合空间延续性将该套剖面定义为老龙头组。

SEE

图 11.2　三叠系砂砾岩、大型泥石流沉积，泥质胶结。单层厚度变化大、早期扇体遭受侵蚀形成明显的冲刷界面，扇体发育大型斜层理、沿层理砾石定向排列，呈现韵律性变化，位于黑龙江省龙江县刘家窑，剖面左段，广角拍摄

图 11.3 砂砾岩中砾石有一定的分选和磨圆度，具有定向排列特征。单层发育着下粗上细的粒序层理，多个粒序层理组合形成韵律性层理，局部见大于 10cm 的砾石，以花岗岩砾石为主，剖面左段局部，正视图，本图为图 11.2 黄框处

SEE →

图 11.4　三叠系水下扇沉积剖面，扇体与左侧下伏泥岩呈突变接触，砂岩具块状层理、单层厚度 1.0～1.5m，上覆砂泥岩互层并发育波状层理，总体具有对称性旋回特征，位于黑龙江省龙江县刘家窑，剖面中段，广角拍摄

图 11.5 三叠系砂砾岩剖面，大型泥石流沉积，泥质胶结。相变快，单层厚度变化大，追溯几百米地层变成含砾砂岩及细砂岩。位于黑龙江省龙江县刘家窑，剖面右段，广角拍摄

→ SSE

(a) 厚层含砾砂岩夹含砾砂质泥岩，夹层厚度10~60cm，发育波状层理

(b) 厚层含砾砂岩夹薄层泥岩，上覆砂泥互层沉积，发育波状层理

(c) 厚层含砾砂岩中发育的泄水构造，风化后呈现火焰状不规则条痕

(d) 厚层含砾砂岩中发育泄水构造，风化后呈现拖尾的环形条痕

图 11.6　剖面中局部放大的地层现象

11.2 黑龙江省龙江县济沁河乡刘家养殖场—高家窝棚—石灰窑二叠系地质剖面

11.2.1 交通及地理位置

济沁河乡刘家养殖场—高家窝棚—石灰窑剖面位于松辽盆地东北部与大兴安岭东斜坡交接的地带，地理上位于黑龙江省龙江县济沁河乡刘家养殖场、高家窝棚及石灰窑附近（图11.7），是工程采石开山，形成的长条状山顶矿坑，地层出露良好，无植被覆盖，人可进入矿坑底部，有工程用砂石路链接矿坑及山下公路。该处剖面由三处矿坑组成，刘家养殖场剖面长约200m，高度30~50m，坐标为122°40′48″E、47°19′49.9″N，高家窝棚剖面长约150m，高度15~35m，坐标为122°39′53″E、47°20′26.9″N，石灰窑剖面长约150m，高度10~20m，发育石灰岩溶洞，当地称为"双龙洞"，坐标为122°41′2.7″E、47°20′53.5″N。

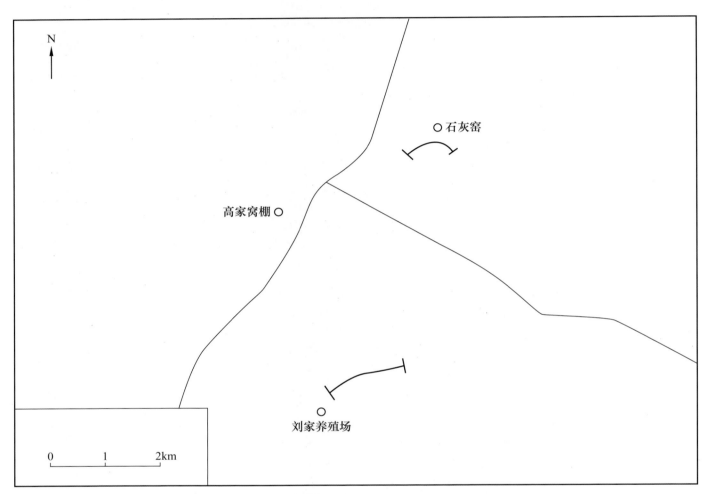

图11.7 黑龙江省龙江县济沁河乡刘家养殖场二叠系地质剖面地理位置图

11.2.2 实测剖面描述

济沁河乡刘家养殖场—高家窝棚—石灰窑剖面均为古生界二叠系，岩性主要为结晶灰岩及大理岩夹侵入的灰绿色岩墙、岩脉及岩床，由于后期岩浆侵如，在局部可见隐爆火山岩相（图11.8至图11.12）。刘家养殖场剖面发育二叠系结晶灰岩与侵入岩，辉绿岩侵入体与大理岩呈披覆式产状，辉绿岩侵入体以岩床形式覆盖在大理岩上，局部沿裂隙穿插于大理岩中形成岩墙。结晶灰岩发育内碎屑灰岩，灰色内碎屑具有圆滑的边缘，外缘形成亮的结晶加大，隐爆火山岩，围岩碎块具尖锐的棱角呈悬浮状，表面风化呈紫红色。高家窝棚剖面属于二叠系大理岩与侵入岩剖面，大型辉绿岩侵入体侵入到灰岩中，石灰岩受热变质作用重结晶形成大理岩，接触面发育明显的岩浆烘烤现象，风化后呈暗红色及土黄色，由于受到构造挤压，辉绿岩中发育扭曲逆断层（图11.13）。石灰窑剖面主要发育二叠系大理岩，剖面可见大型溶洞，溶洞被开山形成的矿坑分隔成两段，因此被当地人称为双龙洞。剖面可见岩浆沿层不规则侵入，形成规模不等的岩株、岩脉、岩墙及岩床，岩浆烘烤作用导致石灰岩重结晶形成大理岩（图11.14）。石英及方解石充填构造裂缝，可见结晶颗粒较大的石英及方解石结晶体，结晶灰岩中局部可见树叶状及放射状的透闪石。

图 11.8　二叠系结晶灰岩与侵入岩岩剖面。辉绿岩当与大理岩呈披覆式产状。辉绿岩侵入体以岩床形式覆盖在大理岩台上。局部沿裂隙穿插于大理岩中形成岩墙。辉绿岩侵入体与大理岩呈披覆式产状。辉绿岩侵入体以岩床形式覆盖在大理岩台上。局部沿裂隙穿插于大理岩中形成岩墙，位于黑龙江省龙江县济沁河乡刘家养殖场剖面，广角拍摄

325

图 11.9 内碎屑灰岩，灰色内碎屑具有圆滑的边缘，
外缘形成亮的结晶加大边

图 11.10 隐爆火山岩，围岩碎块具尖锐的棱角呈悬浮状

图 11.11 隐爆火山岩，岩浆沿裂缝注入围岩，围岩碎块
呈悬浮状，表面风化呈紫红色

图 11.12 隐爆火山岩，岩浆沿裂缝注入爆裂围岩，
碎块呈悬浮状固结

图 11.13　二叠系大理岩与侵入岩剖面，大型辉绿岩侵入体侵入到石灰岩中，石灰岩受热变质作用重结晶形成大理岩，接触面发育明显的岩浆烘烤现象，风化后呈暗红色及土黄色。由于受到构造挤压，辉绿岩中发育扭曲逆断层，位于黑龙江省龙江县济沁河乡高家窝棚剖面，广角拍摄

327

SE

结晶灰岩

角砾岩崩

石英脉

闪长岩株

闪长岩株

溶洞

图 11.14 二叠系大理岩岩剖面，发育大型溶洞，岩浆沿层不规则侵入，形成规模不等的岩株、岩脉、岩墙及岩床，岩浆烘烤作用导致灰岩重结晶形成大理岩，位于黑龙江省济龙江省龙江县济沁河乡石灰窑剖面，广角拍摄

11.3 吉林省波泥河镇腰站村三叠系卢家屯组地质剖面

11.3.1 交通及地理位置

波泥河镇腰站村剖面位于松辽盆地东南隆起区边缘，地理上位于吉林省波泥河镇腰站村东北侧S001省道旁，属于劈山开路取土形成的半壁山式人工剖面（图11.15）。剖面顶部为树林，底部为农田，有省级公路穿过，交通便利，地层出露及可观察性良好。剖面总体呈外凸半圆形，长度约500m，高度10~30m，坐标为43°54′24.2″E、43°54′24.2″N。

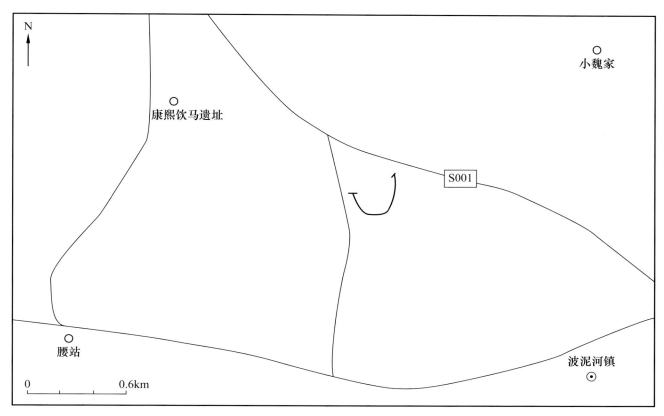

图 11.15　吉林省波泥河镇腰站村三叠系卢家屯组地质剖面地理位置图

11.3.2 实测剖面描述

波泥河镇腰站村剖面地层序列上属于中生界三叠系卢家屯组，主要发育板岩，可见泥质粉砂岩及粉细砂岩夹层，岩石成岩较强，在剖面的左段边缘局部有变质的火山岩出露，向右地层倾角近于直立，层间有滑脱现象（图11.16）。剖面中段板岩地层受到左右两侧挤压形成波状起伏产状，同时变形的地层右侧发育近于直立的逆断层（图11.17）。右段板岩地层受挤压形成逆冲构造，地层倾斜近75°，断层面右侧地层倒转形成滚动背斜构造（图11.18和图11.19）。地层中化石稀少，本次考察未能找到动植物化石，但就调研得知有专家在该套地层剖面的附近有所收获。沉积相上该套地层属于湖相还原沉积环境，暗色湖相的泥岩板岩发育，使剖面整体呈暗灰色调。从生油角度分析，该套地层应该属于较好的烃源岩，但已经达到了过成熟阶段，同时由于后期构造强烈的构造活动，使地层内部断裂及变形甚至抬升至地表，对油气聚集及保存不利。

图 11.16　中生界三叠系卢家屯组，发育板岩地层，倾角近于直立，层间有滑脱现象，位于吉林省波泥河镇腰站村剖面左段，广角拍摄

图 11.17　中生界三叠系卢家屯组，板岩地层受到左右两侧挤压形成波状起伏产状，右侧发育近于直立的逆断层，位于吉林省波泥河镇腰站村剖面中左段，广角拍摄

图 11.18　中生界三叠系卢家屯组，板岩地层受右侧挤压形成逆冲构造，断层右侧地层倒转形成滚动背斜构造，位于吉林省波泥河镇腰站村剖面中段，广角拍摄

图 11.19　中生界三叠系卢家屯组，右侧地层向左高角度逆冲，左侧发育逆冲断层，地层倾角近于 75°，位于吉林省波泥河镇腰站村剖面右段，广角拍摄

11.4 吉林省其塔木镇机房沟—下洼子屯泥盆系机房沟组地质剖面

11.4.1 交通及地理位置

塔木镇机房沟—下洼子屯剖面位于松辽盆地东南隆起区的吉林省长春市九台区其塔木镇大黑山附近，两个剖面相距约3km，分布在村屯及农田里，有村级公路穿过（图11.20）。这两个剖面均为农村工程修路取土及建房形成的人工露头。机房沟剖面长约50m，高约20m，坐标为126°18′23.4″E、44°25′20.2″N。下洼子屯剖面长约30m，高约10m，坐标为126°18′23.4″E、44°25′20.2″N。

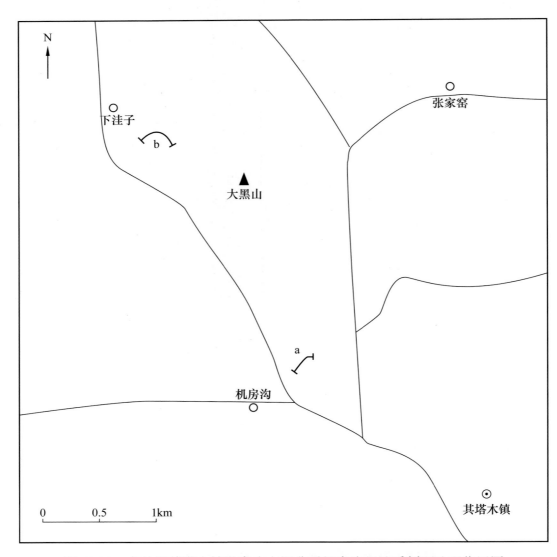

图11.20 吉林省其塔木镇机房沟屯泥盆系机房沟组地质剖面地理位置图

11.4.2 实测剖面描述

机房沟—下洼子屯剖面均为古生界泥盆系机房沟组，主要发育片岩系列，岩层产状近于直立，倾角超过80°，局部发生褶皱及波状形变，由于大气水淋滤作用及风化作用，岩石暴露面呈土黄色（图11.21）。下洼子屯剖面主要发育板岩及片岩，地层产状比较杂乱，变质作用不均衡，导致近断裂带形成片岩，远断裂带形成板岩，板岩地层中频繁发育薄层泥质粉砂岩及粉细砂岩（图11.22）。综合分析认为，机房沟—下洼子屯剖面是在湖相浅水还原环境下沉积的一套暗色泥岩夹砂岩的地层，后期经过成岩作用及变质作用形成了片岩及板岩型地层，同时构造运动是地层发生褶皱、断裂及抬升。分析板岩地层具有一定的生油能力，由于是浅水沉积，砂质含量较高，所以有机质类型及丰度相对不够理想，而且经达到了过成熟阶段，后期强烈的构造活动使地层内部断裂及变形其至抬升至地表，对油气聚集及保存不利。

图 11.21　泥盆系机房沟组剖面，岩层产状近于直立，倾角超过 80°，局部发生褶皱及波状形变，主要发育片岩，位于吉林省其塔木镇下洼子屯剖面，广角拍摄

图 11.22　泥盆系机房沟组，地层产状比较杂乱，发育板岩及片岩，变质作用不均衡，导致近断裂带形成片岩，远断裂带形成板岩，位于吉林省其塔木镇机房沟屯剖面，广角拍摄

11.5　吉林省上河湾镇李家窑屯二叠系哲斯组地质剖面

11.5.1　交通及地理位置

　　上河湾镇李家窑屯剖面位于松辽盆地东南隆起区的吉林省长春市九台区上河湾镇李家窑，为农村工程修路取土形成的半壁山式人工露头，剖面顶部为山林，底部是农田，面向水库，有乡级公路通过（图11.23）。剖面长约250m，高10~50m，坐标为126°19′44.3″E、44°28′35.2″N。

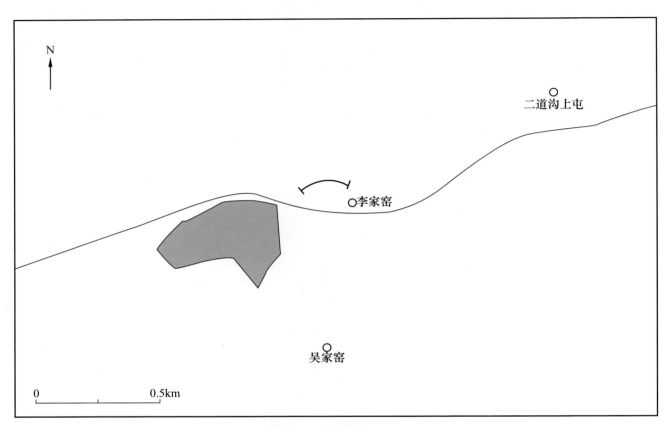

图11.23　吉林省上河湾镇李家窑屯二叠系哲斯组地质剖面地理位置图

11.5.2　实测剖面描述

　　上河湾镇李家窑屯剖面属于古生界二叠系哲斯组，剖面出露及可观察性良好。岩性主要为泥板岩，局部发育泥质粉砂岩及砂岩，砂岩单层厚度1~2m。剖面从右向左具有三角洲相—湖相演化特征，发育厚层浊积砂岩，地层整体具有由下向上反旋回特征。剖面右段为地层的下部，发育泥板岩，地层倾角近于60°，地层呈现砂泥互层状，属于三角洲前缘滨浅湖相（图11.24）。剖面左段为地层上部，发育泥板岩，地层受到挤压倾角近于直立，亮黄色浊积砂岩与厚层湖相暗色板岩呈互层状（图11.25）。

图11.24 古生界二叠系茆斯组，泥板岩地层倾角近于60°，地层呈现砂泥互层状，属于三角洲前缘滨浅湖相，剖面从右向左具有三角洲相—湖相演化特征，吉林省上河湾镇李家窑屯剖面右段，广角拍摄

335

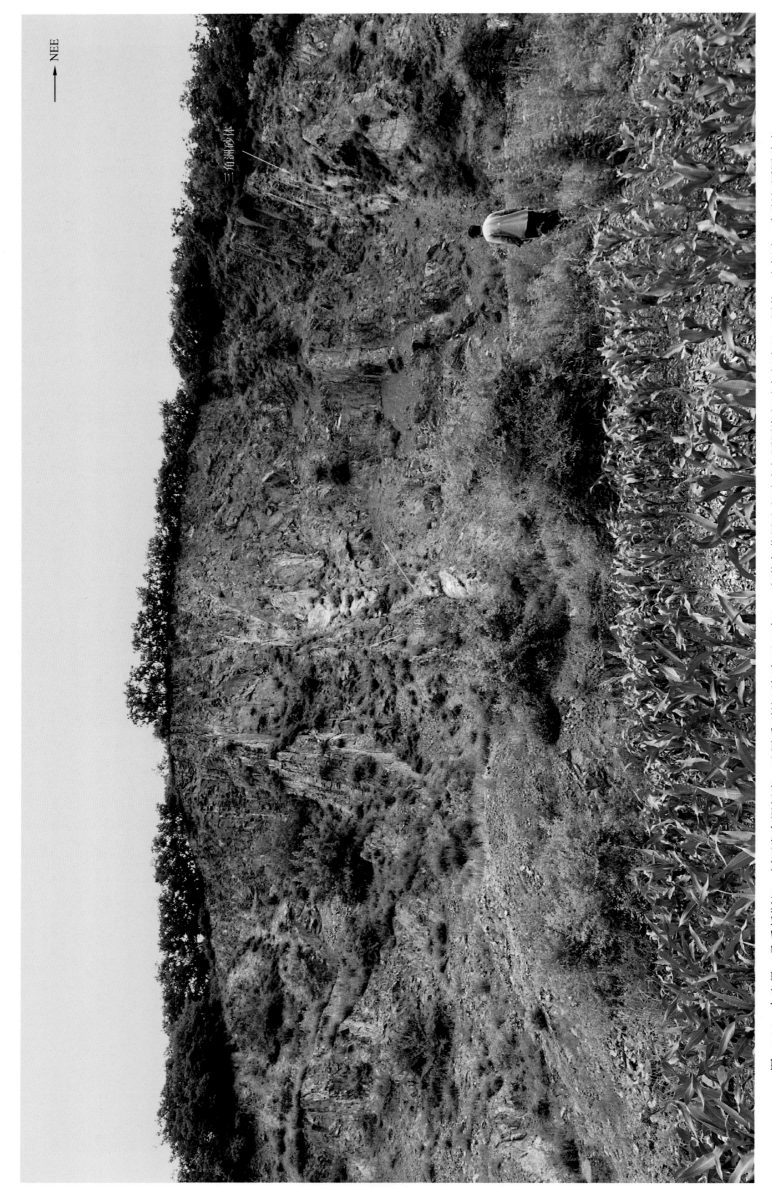

NEE

三角洲砂体

图 11.25　古生界二叠系哲斯组，剖面发育泥板岩，地层受到挤压倾角近于直立，亮黄色薄层浊积砂岩与厚层湖相暗色板岩呈互层状，右侧为三角洲相厚层砂岩，位于吉林省上河湾镇李家窑屯剖面左段，广角拍摄

11.6 吉林省叶赫镇龙王屯—北周家沟寒武系西保安组地质剖面

11.6.1 交通及地理位置

叶赫镇龙王屯—北周家沟剖面位于松辽盆地东南隆起区的吉林省叶赫镇龙王屯北侧，两个剖面均为工程修路取石形成的半壁山式人工矿坑，顶部为山林，底部是农田和村庄，坑内积水，有村级公路通过（图 11.26）。龙王屯剖面周长约 650m，高 10~50m，坐标为 124°33′22.5″E、43°3′29.9″N。北周家沟剖面长约 700m，高 10~20m，坐标为 124°32′37.9″E、43°3′38.5″N。

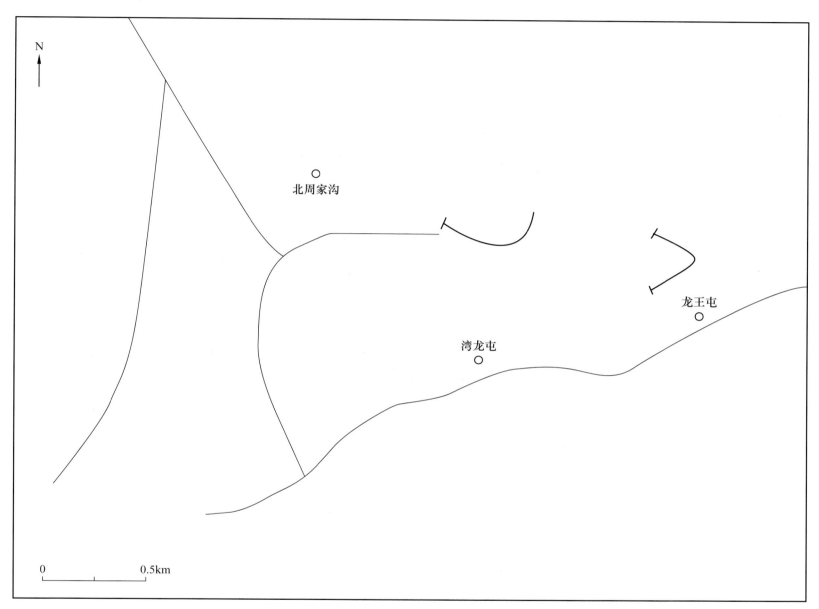

图 11.26 吉林省叶赫镇龙王屯—北周家沟寒武系西保安组地质剖面地理位置图

11.6.2 实测剖面描述

叶赫镇龙王屯—北周家沟剖面为寒武系西保安组。

北周家沟剖面寒武系西保安组变质岩体内沿裂缝发育晚期侵入的花岗岩脉，岩脉受后期构造作用形成 S 形变形。剖面上断层及节理发育（图 11.27）。

岩性均为变质岩。龙王屯剖面变质岩中发育晚期侵入的花岗岩脉和辉绿岩侵入体，地层倾角 40°~70°，局部地层边形强烈，发育逆冲及推覆构造（图 11.28）。

图 11.27　寒武系西保安组变质岩体内发育晚期侵入的花岗岩脉，岩脉受后期构造作用形成 S 形变形，断层及节理发育，位于吉林省叶赫镇北周家沟剖面，广角拍摄

图 11.28　寒武系西保安组变质岩中发育晚期侵入的花岗岩岩脉和辉绿岩侵入体，地层倾角 40°～70°，发育逆冲及推覆构造，位于吉林省叶赫省叶赫镇龙王屯剖面，广角拍摄

11.7 辽宁省二台镇烟房子屯石炭系黄顶子组地质剖面

11.7.1 交通及地理位置

二台镇烟房子屯剖面位于松辽盆地东南隆起区的辽宁省二台镇烟房子屯东侧 700m 处，是工程修路取石形成的半壁山式人工矿坑，周边为山地树林，山下有河流通过，有土石路与山外公路相连（图 11.29）。剖面长约 230m，高 10~30m，坐标为 124°17′54.3″E、42°56′17.1″N。

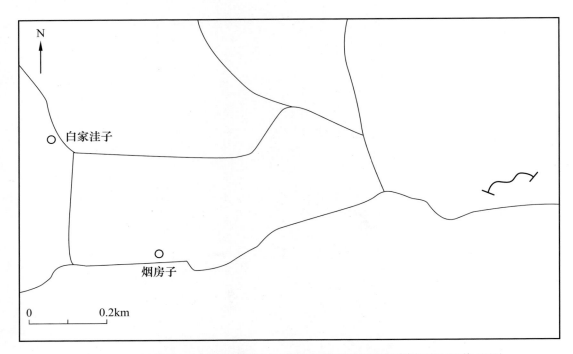

图 11.29 辽宁省二台镇烟房子屯石炭系黄顶子组地质剖面地理位置图

11.7.2 实测剖面描述

二台镇烟房子屯剖面为古生界石炭系黄顶子组，下部发育辉绿岩侵入体，上部发育热变质作用形成的大理岩，两者界面清晰。晚期岩浆作用，贯穿辉绿岩体及大理岩层，大理岩中发育辉绿岩侵入岩床及岩株（图 11.30）。辉绿岩中发育晚期侵入的花岗岩脉，岩脉中石英晶脉与钾长石相间分布，形成伟晶结构。热变质作用形成的大理岩，块状结构，发育"X"形剪切节理，由于原岩具有沉积层理，变质后形成明暗条纹（图 11.31）。

图 11.30　古生界石炭系黄顶子组，下部发育辉绿岩侵入体，上部发育热变质作用形成的大理岩，大理岩中发育辉绿岩侵入岩床，晚期花岗岩岩脉，贯穿辉绿岩体及大理岩层，位于辽宁省二台镇烟房子屯剖面，广角拍摄

341

(b) 晚期侵入的花岗岩脉，钾长石中含有石英斑晶

(a) 热变质作用形成的大理岩，石英晶脉与钾长石相间分布，形成伟晶岩构造

(c) 晚期侵入的花岗岩脉，发育X形剪切节理

(d) 热变质作用形成的大理岩，块状结构，由于原岩具有沉积和层理，变质后形成明暗条纹

图 11.31　碳系黄顶子组地质剖面典型地质现象

11.8 辽宁省泉头镇孙家窑石炭系地质剖面

11.8.1 交通及地理位置

泉头镇孙家窑剖面位于松辽盆地东南隆起区的辽宁省泉头镇孙家窑附近，可供观测剖面两条，均为工程修路取石形成的半壁山式人工矿坑，周边为山地树林及农田，山下有河流通过，有土石路与山外公路相连（图 11.32）。剖面 a 长约 200m，高约 10m，坐标为 124°12′59.7″E、42°51′56.2″N。剖面 b 长约 300m，高 20~30m，坐标为 124°12′59.7″E、42°51′56.2″N。

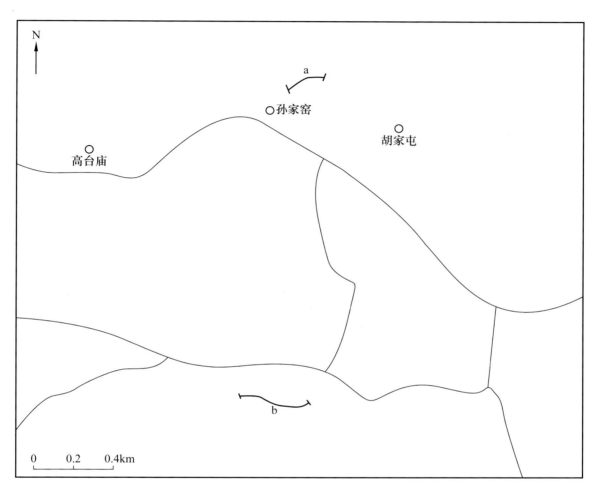

图 11.32　辽宁省泉头镇孙家窑石炭系地质剖面地理位置图

11.8.2 实测剖面描述

泉头镇孙家窑剖面均为古生界石炭系碳酸岩。剖面 a 地层倾角近 60°，局部地层发生强烈变形，形成褶皱，岩石内部暗色条纹可见复杂变形（图 11.33）。左侧发育辉绿岩侵入体，近侵入岩体带灰岩层发生变质形成结晶灰岩。剖面 b 为古生界石炭系凝灰岩、侵入岩与大理岩剖面，下部辉绿岩侵入体，中部倾斜地层为热变质作用形成的大理岩，右侧上部为熔结凝灰岩，该剖面局部可见沿裂隙发育的萤石晶脉（图 11.34）。整个山体以大理岩为主体，下部辉绿岩局部出露，上部熔结凝灰岩大部分被剥蚀，局部残留。

图 11.33　古生界石炭系碳酸岩，地层倾角近 60°，左侧发育辉绿岩侵入体，近侵入岩体带石灰岩层发生变质形成结晶灰岩，辽宁省泉头镇孙家窑，剖面 a，广角拍摄

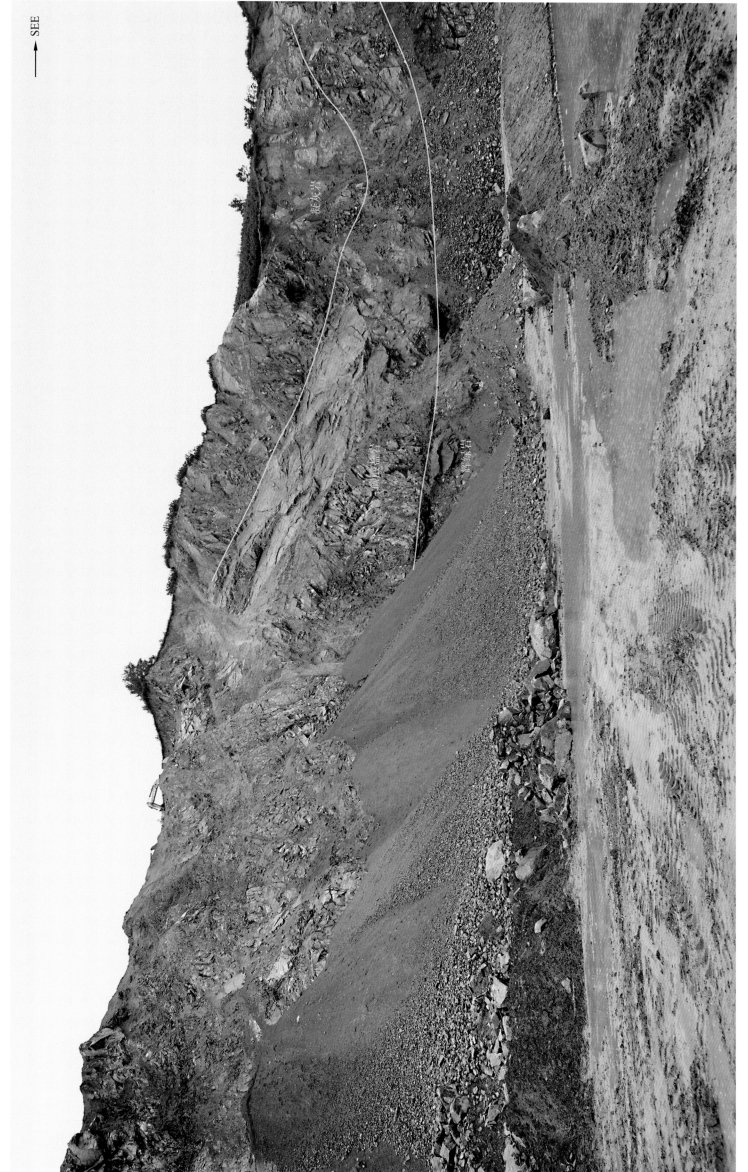

SEE →

凝灰岩

图 11.34　古生界石炭系凝灰岩，侵入岩与大理岩剖面，侵入岩与大理岩剖面，下部辉绿岩侵入体，中部倾斜地层为热变质作用形成的大理岩，右侧上部为熔结凝灰岩，位于辽宁省泉头镇孙家窑，剖面 b，广角拍摄

11.9 内蒙古自治区兴安盟好仁嘎查二叠系哲斯组地质剖面

11.9.1 交通及地理位置

好仁嘎查蔡家屯剖面位于松辽盆地西南部的大兴安岭中南段西坡。地理位置上位于内蒙古自治区兴安盟好仁嘎查蔡家屯附近，是洮儿河冲刷形成的半壁山式断崖。顶部是山地草原，底部是河谷农田（图11.35）。有农用土石路与公路相连。剖面长约1500m，高10~50m，坐标为121°24′2.6″E、46°32′10.7″N。

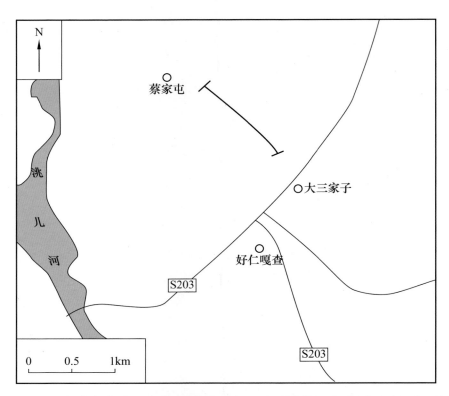

图11.35 内蒙古自治区兴安盟好仁嘎查二叠系哲斯组地质剖面地理位置图

11.9.2 实测剖面描述

好仁嘎查蔡家屯剖面为古生界二叠系哲斯组，岩性为泥板岩夹浊积砂岩。地层倾角近50°~65°，局部发生挤压变形，形成背斜构造，后期背斜顶部被削截形成两翼相向倾斜的产状，背斜核部残留仍可见背斜形态。剖面右端地层呈弧形弯曲倾角近50°，厚层泥板岩夹薄层浊积细粉砂岩互层，受挤压边形后层间可见滑脱痕迹。泥板岩地层受挤压产生的裂隙，在应力消失后形成铅笔状破碎。剖面两端发育花岗岩侵入岩脉，岩脉随地层发生蛇形褶皱。泥板岩中保存的丰富的叶肢介化石，化石呈分散状及堆积成层，化石保存完整，纹饰清晰，说明属于原地埋藏。好仁嘎查蔡家屯剖面古生界二叠系哲斯组属于海陆过渡相深水沉积，在还原环境下有机质保存良好，暗色泥岩为主的地层具有良好的生烃能力，但由于成岩程度较高，烃源岩已经达到了过成熟阶段，TOC值介于0.774%~1.35%之间，R_o在3.17%~3.58%之间，干酪根类型以 II_2 型为主，同时地层受造山作用的影响抬升剥蚀，导致保存条件不理想。盆内杜101井钻遇大套生物碎屑泥晶灰岩，见大量哲斯海相动物群化石，证实盆内发育中二叠统哲斯组，埋藏较深，是具有较好勘探潜力的领域。

中国东北地区早古生代海相地层围绕"佳—蒙地块"（佳木斯—蒙古）核心呈环带状分布，晚古生代海相地层主体属"佳—蒙地块"的大陆边缘沉积，区域上稳定分布的晚古生代地层范围北至鄂霍茨克缝合带、南至西拉木伦河缝合带、东至中锡霍特—阿林构造带。东北地区晚石炭世—早二叠世为多岛洋环境，二叠纪中期古亚洲洋迅速变窄成兴—蒙（兴安盟—蒙古）海槽，该时期哲斯组地层盆缘区出露广泛，主要为暗色砂泥岩组合与生物碎屑灰岩，含丰富的珊瑚、有孔虫、腕足类、双壳类等哲斯海相动物群化石。晚二叠世发生扩张，出现兴—蒙张裂海槽，随着西伯利亚板块继续快速南移，晚二叠世末期海槽最终闭合。地层上下二叠统以大石寨组海相沉积为主，主要发育三角洲相、碳酸盐岩台地相、滨—浅海相，中二叠世以哲斯组海相及海陆过渡相沉积为主，主要发育滨海—浅海相、碳酸盐岩台地相、三角洲相，晚二叠世以林西组陆相沉积为主，主要发育三角洲相、浅湖相、半深湖—深湖相。

内蒙古自治区兴安盟好仁嘎查二叠系哲斯组地质剖面上的典型剖面和地质现象如图11.36至图11.39所示。

SE

侵入岩脉

侵入岩脉

图 11.36　古生界二叠系哲斯组，泥板岩地层倾角近 50°～65°，局部发生挤压变形，剖面两端发育花岗岩岩侵入岩脉，岩脉随地层发生褶皱变形，位于内蒙古自治区兴安盟好仁嘎查蔡家屯剖面中段，广角拍摄

SE →

图 11.37　古生界二叠系哲斯组，泥板岩地层受挤压形成背斜构造，后期背斜顶部被截削形成背斜形态，背斜核部残留仍可见背斜形态，位于内蒙古自治区兴安盟好仁嘎查蔡家屯，剖面左段，广角拍摄

WE →

图 11.38　古生界二叠系哲斯组，湖相厚层泥页岩夹薄层浊积细细粉砂岩，地层呈弧形弯曲倾角近 50°，层间可见滑脱痕迹。位于内蒙古自治区兴安盟好仁嘎查蔡家屯，剖面右段，广角拍摄

349

(b) 泥板岩地层受挤压后产生裂隙，应力消失后形成铅笔状破碎

(d) 泥板岩中保存的叶肢介化石堆积层

(a) 剖面右端厚层泥板岩夹不等厚浊积砂岩，向上部浊积岩逐渐加厚

(c) 泥板岩中保存的分散状叶肢介化石

图 11.39　古生界二叠系哲斯组组地质剖面典型地质现象

11.10　内蒙古自治区扎赉特旗巴彦套海二叠系三叠系地质剖面

11.10.1　交通及地理位置

巴彦套海剖面位于松辽盆地西部斜坡带的边缘,与大兴安岭中段西坡相接,地理上位于内蒙古自治区兴安盟扎赉特旗巴彦陶海附近,是工程修路取石开山形成的半壁山式矿坑(图11.40)。顶部是山地草原,底部是草原,有土石路与山下公路相连。剖面出露及可观察性良好,人可攀登。剖面全长约500m,高20~60m,坐标为122°48′40.5″E、46°50′38.1″N。

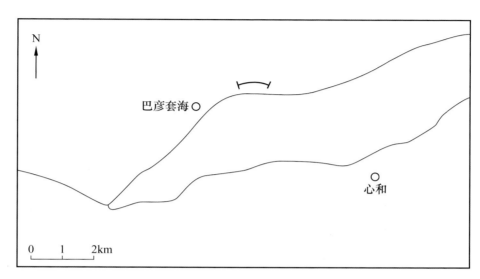

图11.40　内蒙古自治区扎赉特旗巴彦套海二叠系三地质剖面地理位置图

11.10.2　实测剖面描述

巴彦套海剖面属于古生界二叠系及中生界三叠系人工露头。二叠系为石灰岩地层,由于受到侵入岩的热变质作用局部形成结晶灰岩。地层受构造挤压形成断层及背斜构造,倾斜产状岩层与背斜以断层分隔,背斜内部地层发生滑脱。二叠系石灰岩与三叠系灰绿色砂砾岩及紫红色泥板岩为角度不整合接触,接触面风化呈现紫红色,后期构造挤压导致三叠系砂砾岩发生变形和变质,在不整合面发生断裂和滑脱,断裂带岩层发生破碎,后期岩浆侵入形成岩脉,在强烈构造活动作用下,岩脉亦发生破碎和变质,风化后呈土黄色,成为不整合界面的识别标志。二叠系整体为石灰岩地层易于识别,在构造断裂及变形带形成结晶灰岩。三叠系整体为紫红色泥板岩夹砂岩,在不整合面地带发育破碎变质的砂砾岩和火山岩,地层产状较复杂,常见地层滑脱现象。二叠系体现的是海相沉积环境,三叠系体现的是氧化背景下的湖相沉积环境(图11.41至图11.43)。

EW →

逆断层

向斜核

图 11.41 古生界二叠系结晶灰岩，石灰岩受构造挤压形成背斜构造，右侧倾斜产状岩层与背斜层以断层分隔，由于受到侵入岩的热变质作用局部形成结晶灰岩，扎赉特旗巴彦海剖面右段，广角拍摄

352

图 11.42　二叠系和三叠系，右侧二叠系石灰岩与左侧三叠系灰绿色砂砾岩及紫红色页岩接触，界面岩层呈现角度不整合，接触面
　　　　风化呈现紫红色，后期构造挤压导致三叠系砂砾岩发生轻微变形和变质，位于扎赉特旗巴彦套海剖面左段，广角拍摄

图 11.43　中生界三叠系，紫红色泥板夹灰绿色砂砾岩，砂砾岩发生轻微变形和变质，浅水湖相。节理发育，局部可见滑脱面，泥
　　　　板岩中发育重力流沉积砂砾岩及含砾砂岩，其中发育块状及粒序层理，位于扎赉特旗巴彦套海剖面，广角拍摄

11.11　内蒙古自治区扎赉特旗乌兰哈达三叠系老龙头组地质剖面

11.11.1　交通及地理位置

乌兰哈达剖面位于大兴安岭中段西坡，地理上位于内蒙古自治区兴安盟扎赉特旗乌兰哈达附近，是近期工程修路开山形成的长条状洼槽（图 11.44）。顶部是山地草原，底部县级公路穿过，尚未修筑公路护坡，所以剖面具有良好的可观察性，人可攀登。剖面全长约 1000m，高 5~15m，坐标为 122°27′31.7″E、47°5′38.4″N。

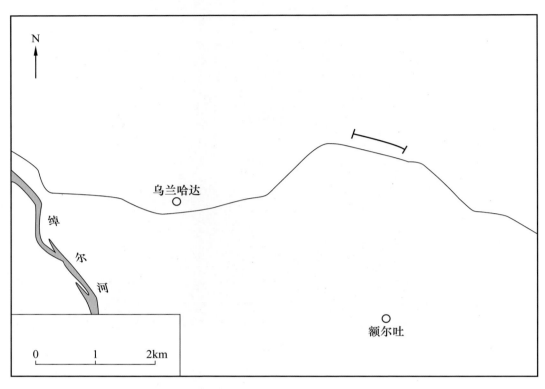

图 11.44　内蒙古自治区扎赉特旗乌兰哈达三叠系老龙头组地质剖面地理位置图

11.11.2　实测剖面描述

扎赉特旗乌兰哈达剖面属于中生代三叠系老龙头组，该地层时代的认定沿用了沈阳地调局的观点（黑龙江省地质矿产局，1993），在该剖面南部按地层顺序发育侏罗系、白垩系，在该剖面的北部还发育比古生代更古老的地层。该剖面主要岩性组合为紫红色厚层砂砾岩夹薄层砂岩及泥板岩，下伏二叠系火山岩，上覆侏罗系及白垩系砂砾岩与火山岩。剖面下部灰绿色及紫色砂砾岩，向上过渡到灰绿色泥质砂砾岩剖面中部为厚层紫红色泥板岩及砂砾岩夹薄层黄色硅质砂岩互层，单层砂岩厚度不等，薄层砂岩厚度在 0.1~0.2m 之间，厚层砂岩厚度在 0.5~0.8m，砂砾岩以粗砂含砾为主。上部为黄色厚层状硅质胶结砂岩夹灰绿色含砾砂质板岩，砂岩单层厚度在 0.5~0.7m，下伏杂色砂砾岩，界面呈突变接触。由于后期构造活动，导致地层倾斜 20°~45°，同时地层产生断裂，并使岩石产生碎裂和变质，局部可见有岩浆岩断裂侵入形成岩墙，但在后来的构造变动中发生破碎，在受到地表水淋滤后发生蚀变（图 11.45 至图 11.48）。

三叠系自下而上划分为下三叠统老龙头组、哈达陶勒盖组，上三叠统东宫组，其中下三叠统老龙头组主要以红杂色泥岩、粉砂岩、砂岩、砂砾岩为主要岩性组合，夹或不夹中性或中酸性火山岩，含孢粉 *Calamospora-Lundbladispora-Alisporites* 及 *Verrucosisporites-Lundbladispora-Chordasporites* 组合，叶肢介 *Huanghestheria-Cornia-Palaeolimnadia* 组合及介形 *Darwinula triassiana-D. rotundata* 等化石组合的地层。是黑龙江省地质矿产局区测二队刘步昌等以龙江县济沁河乡孙家坟东山及老龙头剖面为层型建立了老龙头组（黑龙江省地质矿产局，1993），并自下而上分为 I 段、II 段、III 段。其中 I 段底部为灰白色长石石英粗砂岩，向上则以淡黄绿色复矿砂岩为主，夹黄绿色泥质板岩，厚 420m；II 段为红层，主要为紫灰色泥质铁质粉砂岩、含砾复矿细砂岩夹砾岩透镜体、褐黄色中—粗粒长石砂岩、粉砂质泥岩夹紫灰色中酸性火山岩，厚 561m；III 段为黑灰色粉砂岩、复矿细砂岩、绢云母板岩夹中酸性火山岩，厚度大于 140m。零星分布在大兴安岭地区的老龙头组普遍发育的紫红色泥岩、粉砂岩或同色砂岩、砂砾岩及所含孢粉组合表明，下三叠统老龙头组沉积时期存在气候干热事件。

NWW →

灰绿色砂砾岩

紫红色砂砾岩

图 11.45 中生代三叠系老龙头组，紫红色厚层砂砾岩夹薄层砂岩，下伏灰绿色砂砾岩，上覆灰绿色泥质砂砾岩，地层倾角约 40°，位于内蒙古自治区扎赉特旗乌兰哈达剖面右段，广角拍摄

SSE →

图 11.46 三叠系老龙头组，厚层紫红色泥页岩及砂砾岩夹薄层黄色硅质砂岩互层，砂岩厚度不等，薄层砂岩厚度 10~20cm，厚层砂岩厚度 50~80cm，砂砾岩以粗砂含砾为主，地层倾角约 30°，位于内蒙古自治区扎赉特旗乌兰哈达剖面左段，广角拍摄

356

图 11.47　黄色厚层状硅质砂岩下伏杂色砂砾岩，界面突变接触，发育逆断层，剖面右段局部

图 11.48　黄色砂岩硅质胶结，厚度 50~70cm，夹灰绿色含砾砂质页岩，地层倾角约 20°，剖面左段局部

11.12　内蒙古自治区兴安盟保门村—鸡冠山—豆瓣山地质剖面

11.12.1　交通及地理位置

保门村—鸡冠山—豆瓣山剖面位于松辽盆地以西大兴安岭中段东坡，属于内蒙古自治区兴安盟哈拉黑镇 G302 路旁，交通便利，附近为山地及农田（图 11.49）。其中剖面 a 和剖面 c 为工程取土形成的人工剖面，剖面 b 为沿山脊延伸的天然露头。保门村剖面（剖面 a）长约 100m，高 5~8m，紧邻公路，出露良好，坐标为 121°25′46.5″E、46°14′16.7″N。鸡冠山剖面（剖面 b）沿山脊延伸约 1000m，高 10~230m，坐标为 121°26′25″E、46°12′57.078″N。豆瓣山剖面（剖面 c）长约 150m，高约 5m，距公路约 1000m，有土石路与公路相连，坐标为 121°28′55.5″E、46°12′40.7″N。

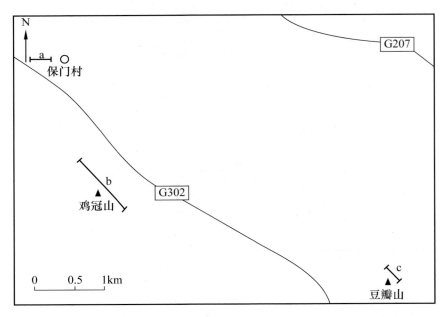

图 11.49　兴安盟保门村—鸡冠山—豆瓣山剖面地理位置分布图

11.12.2　实测剖面描述

保门村剖面（剖面 a）为古生界二叠系片岩剖面，片岩呈黄绿色—棕黄色。受构造挤压地层呈直立并发生"S"形弯曲，之后沿水平应力发生错动，形成一个近于水平、厚度约 1m 的破碎带。片理厚度 0.5~1.5cm，经过风化淋虑的片理面上有黄棕色氧化物分布，新鲜面亦呈黄绿色光泽，发育"十"字形正交张节理，片岩破碎后形成片状构造及铅笔状构造。片岩是具有典型的片状构造的变质岩，是区域变质的产物。其特征是具有片理构造，由片状矿物、板状矿物、纤维状矿物相互平行排列，粒度较粗，肉眼可辨别，主要矿物为云母、石英、角闪石、绿泥石等。强度较低，极易风化，抗冻性差。

鸡冠山剖面（剖面 b）为近东西走向，为典型的花岗岩侵入岩墙，岩墙发育多组节理。由于风化作用，表面整体呈现黄色及黄褐色。岩石可见浅肉红色、浅灰色、灰白色等中粗粒、细粒结构。主要矿物为石英、钾长石和酸性斜长石，次要矿物则为黑云母、角闪石，还有少量辉石，副矿物有磁铁矿、榍石、锆石、磷灰石、电气石、萤石等。花岗岩中石英含量是各种岩浆岩中最多的，其含量多为 20%~50%，少数可达 50%~60%。

豆瓣山二叠系片岩剖面（剖面 c）主要为片岩，局部发育侵入岩墙。片岩的片理面发育菱形起伏的线理构造，显微镜下可见具有典型的由于矿物定向排列形成的波状流线型构造，是区域变质作用的产物，其特征是片理构造由片状矿物、板状矿物、纤维状矿物相互平行排列构成，粒度较粗，肉眼可辨别。片岩主要矿物为云母、石英、角闪石、绿泥石等。片岩强度较低，极易风化，抗冻性差。该剖面左侧发育的正长斑岩岩墙结晶较为粗大，肉眼可以识别矿物颗粒，粗大的矿物颗粒就是"斑晶"，而细小到肉眼无法辨识的矿物集合体是"基质"。正长斑岩具有斑状结构，斑晶主要为斜长石、暗色矿物及少量钾长石，暗色矿物多以绿泥石化，斜长石斑晶具绢云母化、碳酸盐化。基质为板条状斜长石、暗色矿物、隐晶质及它形石英构成的间粒—间隐结构。岩石整体蚀变较强烈，斑晶及基质普遍具绿泥石化、碳酸盐化。岩石手标本新鲜面深灰色—褐灰色，风化或蚀变后呈棕黄色或灰绿色。

内蒙古自治区兴安盟保门村—鸡冠山—豆瓣山地质剖面上的典型剖面和岩性的相关图片如图 11.50 至图 11.59 所示。

图 11.50　二叠系片岩受构造挤压地层呈直立并发生 "S" 形弯曲，之后沿水平应力发生错动，形成一个近于水平、厚度约 1m 的破碎带，位于兴安盟保门村，剖面 a 右段，正视图

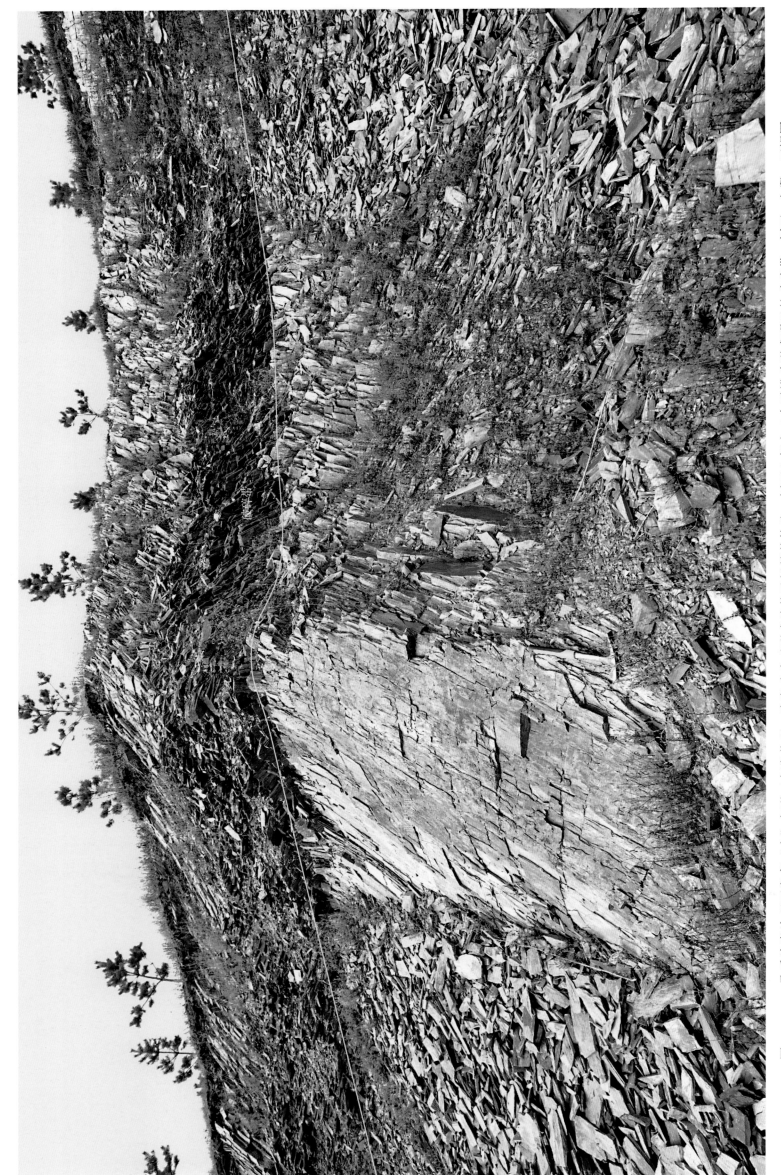

图 11.51 二叠系片岩岩片理面发育 "十" 字形正交张节理, 片岩破碎后形成片状及铅笔状构造, 剖面上部由于水平错动形成明显的破碎带, 剖面 a 左段, 正视图

SE

图 11.52 中生代花岗岩岩脉入侵到古生代片岩中，形成巨型岩墙，后期风化剥蚀形成鸡冠状山体，位于兴安盟鸡冠山，剖面 b 左段，左视图，广角拍摄

SE

图 11.53　花岗岩岩层入岩侵受断裂破坏风化剥蚀后形成凹状缺口，位于兴安盟鸡冠山，剖面 b 右段，正视图，广角拍摄

图 11.54 花岗岩岩墙发育正交张节理及斜交剪切节理，剖面 b 右段局部，正视图，广角拍摄，本图为图 11.53 黄框处

SE

图 11.55　二叠系片岩，局部发育正长斑岩侵入岩墙，正视为倾向方向，位于兴安盟豆瓣山，剖面 c，正视图

图 11.56　宏观上发育菱形线状结构，属于成岩过程中形成铅笔构造的表面结构特征，正视为倾向方向，剖面 c 局部，正视图，本图为图 11.53 黄框处

(a) 片岩表面发育菱形起伏的片理面 (局部放大)

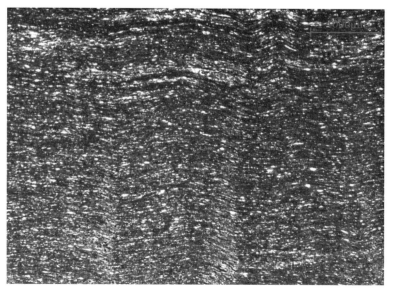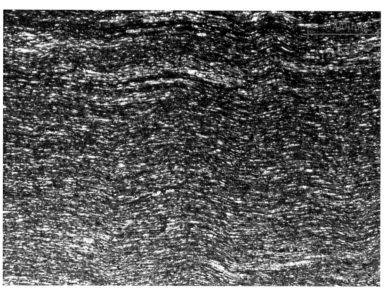

(b) 片岩微观照片

主要由细小的绢云母、长英质粉砂岩等组成，绢云母具定向排列，细小的粒状石英、长石或集合体分布于片状矿物间，岩石具细小的褶皱，形成波纹状构造

图 11.57　片岩

图 11.58　正长斑岩，含有石英及长石斑晶，斑状结构，裂隙表面受到淋滤氧化，可见构造挤压形成的擦痕

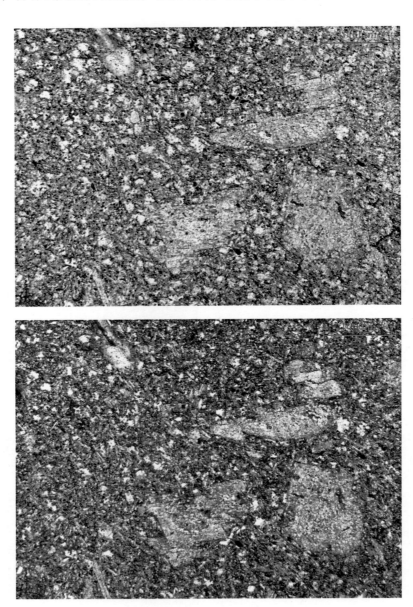

图 11.59　正长斑岩微观照片

岩石具有斑状结构，斑晶主要为斜长石、暗色矿物及少量钾长石，暗色矿物多以绿泥石化，斜长石斑晶具绢云母化、碳酸盐化。基质为板条状斜长石、暗色矿物、隐晶质及它形石英构成的间粒—间隐结构。岩石整体蚀变较强烈，斑晶及基质普遍具绿泥石化、碳酸盐化

11.13 黑龙江省宾县塘坊镇老山头村上石炭统地质剖面

11.13.1 交通及地理位置

老山头剖面位于松辽盆地东部边缘的黑龙江省宾县塘坊镇老山头村靠山屯，是松花江冲刷形成的半壁山式陡崖带，顶部为山林，底部紧邻主江水道（图11.60）。剖面起点为靠山屯渔场，终点为水文站，在驳船码头处为近于直角的转弯，总体为东西转北西向，颇为壮观。剖面下沿江有一条砂石路，直通剖面的末端水文站，但雨天及江水上涨后难以通行。剖面沿松花江延伸约4200m，高度为20~50m，坐标为126°57′26.8″E、46°0′33.2″N。

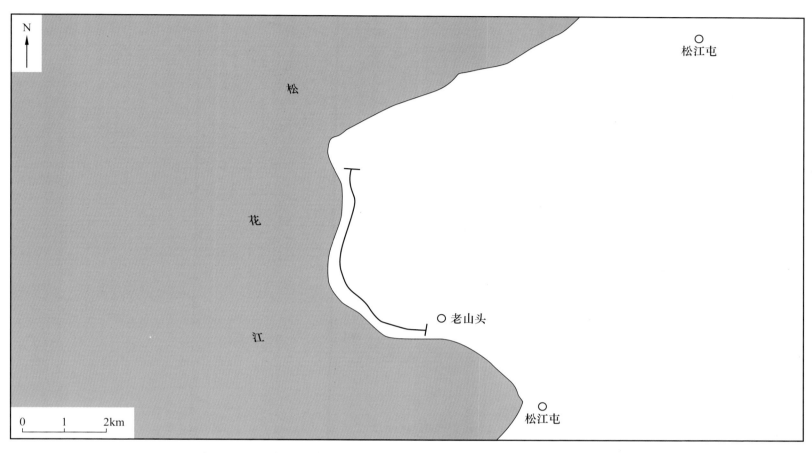

图11.60　黑龙江省宾县塘坊镇老山头村上石炭统地质剖面地理位置图

11.13.2 实测剖面描述

老山头剖面属于古生界上石炭统磨拉石沉积，主要是泥石流与冲积扇沉积形成的砂砾岩叠合体，后期受构造作用使岩体滑脱并产生断裂使地层复杂化（图11.61至图11.66）。冲积扇沉积砂体主要为砂砾岩夹含泥细砾岩，出露最大厚度约20m，地层倾角20°~45°，扇体具有典型的前积结构，可见明显的相分异及粒度分异特征，扇体顶部被泥石流砂砾岩体覆盖，可见明显的冲蚀沟道。磨拉石沉积为巨型砾石堆积或漂浮在杂色砾岩基质中，巨型砾石多为花岗岩，磨圆度较好，直径为0.15~1.0m，基质砂砾岩为破碎的花岗岩颗粒，地层出露厚度约260m。

老山头上石炭统磨拉石沉积地层整体呈现块状，一般底部为黄色细砾胶结的大型磨拉石沉积，中部为杂色砾岩胶结的磨拉石，上部为砂砾岩，整体呈现向上变细的正旋回特征。黄色细砾岩中漂浮的砾石，边缘无棱角，磨圆度较好，直径15~50cm，砾石主要为花岗岩，黄色细砾岩基质为花岗岩，巨型花岗岩砾石呈葫芦状，大头向下，倾角近50°，与周边砾石呈叠瓦状排列，边缘无棱角，磨圆度较好，长轴约90cm，短轴约50cm。剖面上部地层中富含硅化木，直径一般为5~20cm，大者可达到50cm。整个剖面除含有硅化木外，其他动植物化石在本次考察中未找到，只是在暗色泥质夹层中见到一些炭化的植物碎片。

石炭纪主要是海相沉积的碳酸盐地层，呈北东向条带状分布，北兴安地层区的石炭系主要发育下石炭统，北北东向条带状展布于海拉尔—罕达汽一带，南兴安地层区的石炭系主要发育上石炭统，并向东延伸至吉中地层区，松花江地层区石炭系不发育，主要为上石炭统。该剖面为松花江地区石炭系唯一边缘相剖面，其时代是根据黑龙江省地质志附图标定的年代沿用的。

图 11.61　石炭系泥石流与冲积扇沉积形成的砂砾岩叠合体，后期受构造作用使岩体滑脱并产生断裂使地层复杂化，正视方向剖面为断层面，位于黑龙江省宾县塘坊镇老山头村剖面左段，广角拍摄

图 11.62　石炭系冲积扇沉积，砂体主要为砂砾岩夹含泥细砾岩，出露最大厚度约 20m，地层倾角 20°～45°，扇体具有典型的前积结构，可见明显的相分异及粒度分异特征，扇体顶部被泥石流砂砾岩体覆盖，可见明显的冲蚀沟道，位于黑龙江省宾县塘坊镇老山头村剖面中段，广角拍摄

图 11.63　石炭系磨拉石沉积，巨型砾石堆积或漂浮在杂色砾岩基质中，巨型砾石多为花岗岩，磨圆度较好，直径为 15～100cm，基质砂砾岩为破碎的花岗岩颗粒，地层出露厚度 5～15m，位于黑龙江省宾县塘坊镇老山头村剖面右段，广角拍摄

图 11.64　石炭系磨拉石沉积，出露厚度约 8m，底部为黄色细砾胶结的大型磨拉石沉积，中部为杂色砾岩胶结的磨拉石沉积，上部为砂砾岩，整体呈现向上变细的正旋回特征，位于黑龙江省宾县塘坊镇老山头村剖面右段局部，广角拍摄

图 11.65　黄色细砾岩中漂浮的砾石，边缘无棱角，磨圆度较好，直径 15～50cm，砾石主要为花岗岩，黄色细砾岩基质为花岗岩破碎颗粒，位于黑龙江省宾县塘坊镇老山头村剖面右段局部，广角拍摄

图 11.66　巨型花岗岩砾石呈葫芦状，大头向下，倾角近 50°，与周边砾石呈叠瓦状排列，边缘无棱角，磨圆度较好，长轴约90cm，短轴约 50cm，位于黑龙江省宾县塘坊镇老山头村剖面右段局部，广角拍摄

11.14 黑龙江省宾县宾西镇孙家窑二叠系地质剖面

11.14.1 交通及地理位置

剖面位置位于松辽盆地东部黑龙江省宾县孙家窑屯，坐标为127°12′42.48″E、45°39′39.74″N，属于工业采矿遗留的椭圆形矿坑，有工程运输砂石路与乡级水泥公路相连接，交通方便，现在该矿坑已经改造成地质公园（图11.67）。

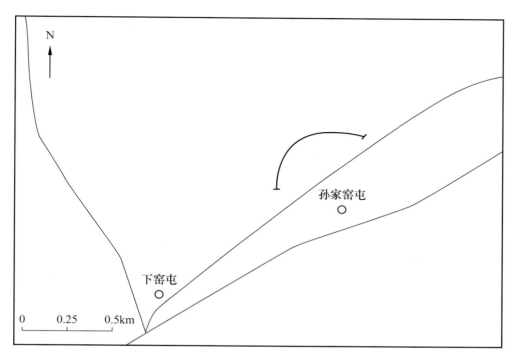

图 11.67 黑龙江省宾县孙家窑中二叠统孙家窑组大理岩人工剖面地理位置图

11.14.2 实测剖面描述

黑龙江省宾县孙家窑中二叠统孙家窑组大理岩人工剖面（其地层柱状图如图11.68所示），该剖面属于水泥工业采石矿坑，为深度约50m、长轴约500m、短轴约300m的椭圆形。该矿坑原为一个被辉绿岩床覆盖的山头，因无植被覆盖，远看山顶乌黑，当地人称其为"黑山头"，现在山顶已被削平，残留一个大型矿坑可供考察。岩性以重结晶灰岩和大理岩为主，局部发育辉绿岩脉、岩床及岩墙，岩相为碳酸盐台地相夹辉绿岩侵入火成岩相。大理岩由于受到岩浆热液中各种元素的熏染，在热变质过程中因含有不同的矿物成分而呈不同的颜色，如黄色及肉红色是因为含有硫化物及铁的氧化物，而灰白色、白色体现的是大理岩及结晶灰岩的本色。薄片上大理岩具不等粒状变晶结构，由0.4~2.0mm的大小不等的粒状组成，方解石颗粒呈镶嵌状紧密排列。大理岩中可见晶型发育完整的冰洲石及方解石集合体，而其中侵入辉绿岩为灰色、灰黑色，具有草莓状辉绿结构，主要矿物成分为辉石和基性斜长石，含少量橄榄石、黑云母、石英。

二叠系在区域上除了北兴安地层区外，具有面性分布特征。下二叠统下部因为与上石炭统为连续沉积，因此在分布上延续了上石炭统的特征。下二叠统中部—上二叠统主要分布于南兴安和吉中地层区，从西乌旗—乌兰浩特到桦甸一带广泛分布。在松花江地层区，包括松辽分区和伊春—尚志分区均有下二叠统上部—上二叠统分布。

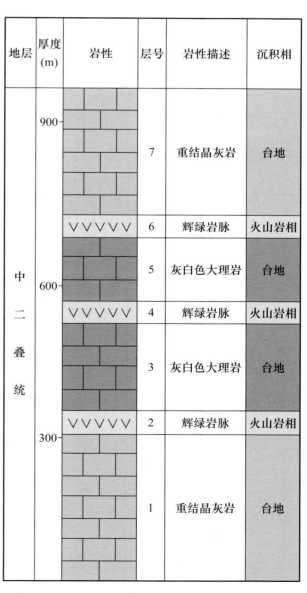

地层	厚度(m)	岩性	层号	岩性描述	沉积相
中二叠统	900		7	重结晶灰岩	台地
			6	辉绿岩脉	火山岩相
	600		5	灰白色大理岩	台地
			4	辉绿岩脉	火山岩相
			3	灰白色大理岩	台地
	300		2	辉绿岩脉	火山岩相
			1	重结晶灰岩	台地

图 11.68 二叠系孙家窑组地质剖面地层柱状图

黑龙江省宾县宾西镇孙家窑二叠系地质剖面上的典型剖面及岩性的相关图片如图11.69至图11.81所示。

图11.69 中二叠统孙家窑组，碳酸盐岩台地相夹辉绿岩侵入岩相。可见灰黑色辉绿岩侵入岩墙与灰白色大理岩及灰色结晶
灰岩相间分布，矿坑主体深度约50m，位于黑龙江省宾县孙家窑工业矿坑

图11.70 大理岩与结晶灰岩夹沿层侵入的辉绿岩墙，石灰岩中可见清晰的高角度倾斜地层产状，倾角约60°

图 11.71 灰白色、黄色及肉红色大理岩，石灰岩受到火成岩热液所含矿物的熏染，呈现不同的颜色

图 11.72 大理岩上覆辉绿岩侵入岩床，上部的辉绿岩侵入岩床与下部的大理岩相交界面突变接触

图11.73　二叠系大理岩中发育的冰洲石集合体

图11.74　冰洲石单体

图11.75　结晶灰岩中发育的方解石集合体

图11.76 二叠系大理岩中侵入的辉绿岩墙岩块样本

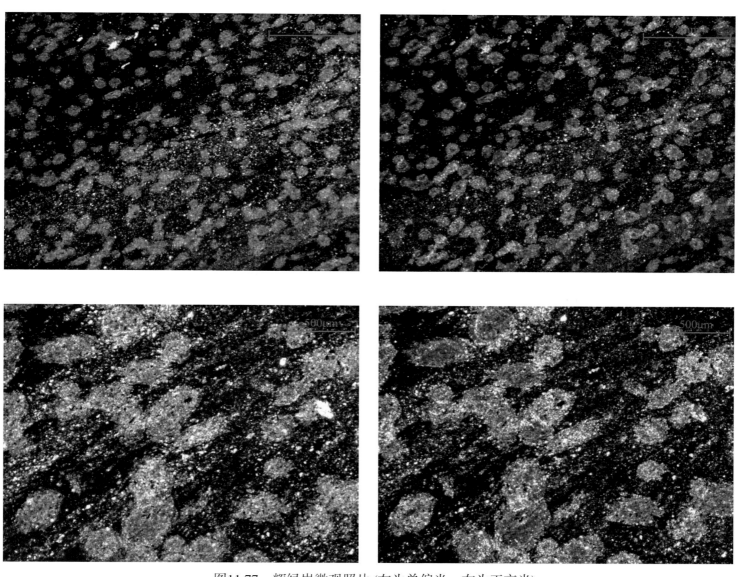

图11.77 辉绿岩微观照片 (左为单偏光，右为正交光)
草莓状辉绿岩，具有辉绿结构，主要矿物成分为辉石和基性斜长石，少量橄榄石、黑云母、石英

图11.78 大理岩

(a) 大理岩，具不等粒粒状变晶结构，由0.4~1.2mm大小不等的粒状方解石呈镶嵌状紧密排列

(b) 大理岩，具不等粒粒状变晶结构，由0.6~2.0mm大小不等的粒状方解石呈镶嵌状紧密排列

图 11.79 大理岩微观照片（左为单偏光，右为正交光）

图11.80 变质黑云母二长岩

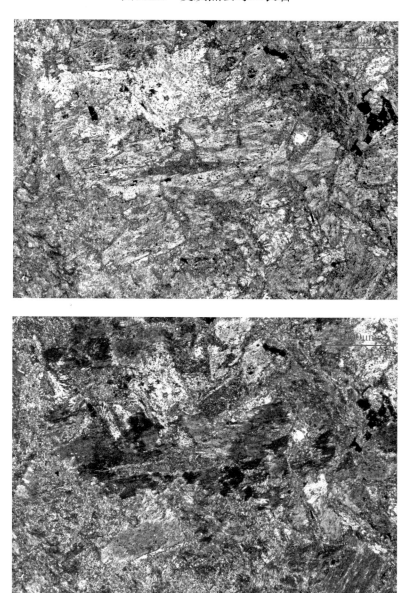

图11.81 变质黑云母二长岩微观照片（左为单偏光，右为正交光）

变质黑云母二长岩，变余柱粒状结构，岩石主要由黑云母、斜长石、钾长石、角闪石等组成。黑云母、角闪石呈板柱状，部分黑云母呈显微针状集合体出现。少量细小的石英呈集合体状分布，原岩可能为二长岩

参 考 文 献

蔡东梅，孙立东，齐景顺，等 . 2010. 徐家围子断陷火山岩储层特征及演化规律［J］. 石油学报，31（3）：400-407.

曹瀚升 . 2016. 松辽盆地嫩江组 C-N-S 生物地球化学循环和古环境演化［D］. 长春：吉林大学

陈瑞君 . 1980. 我国某些地区的海绿石特征及其对相环境分析的意义［J］. 地质科学，（1）：65-75.

程三友 . 2006. 中国东北地区区域构造特征与中—新生代盆地演化［D］. 北京：中国地质大学（北京）：16-17.

程三友，刘少峰，苏三 . 2011. 松辽盆地宾县—王府凹陷构造特征分析［J］. 高校地质学报，17（2）：271-28.

崔宝文，张顺，付秀丽，等 . 2021. 松辽盆地古龙页岩有机层序地层划分及影响因素［J］. 大庆石油地质与开发，40（5）：15-30.

大庆油气区编纂委员会 . 2021. 中国石油地质志（修编版）·卷二 - 大庆油气区［M］. 北京：石油工业出版社 .

冯子辉，柳波，邵红梅，等 . 2020. 松辽盆地古龙地区青山口组泥页岩成岩演化与储集性能［J］. 大庆石油地质与开发，39（3）：72-85.

冯子辉，方伟，李振广，等 . 2011a. 松辽盆地陆相大规模优质烃源岩沉积环境的地球化学标志［J］. 地球科学，41（9）：1253-1267.

冯子辉，霍秋立，王雪，等 . 2015. 青山口组一段烃源岩有机地球化学特征及古沉积环境［J］. 大庆石油地质与开发，34（4）：1-7.

冯子辉，王成，邵红梅，等 . 2015. 松辽盆地北部火山岩储层特征及成岩演化规律［M］. 北京：科学出版社 .

冯子辉，印长海，冉清昌，等 . 2016. 松辽盆地北部火山岩气藏特征与分布规律［M］. 北京：科学出版社 .

冯子辉，朱映康，张元高，等 . 2011b. 松辽盆地营城组火山机构—岩相带的地震响应［J］. 地球物理学报，54（2）：556-562.

付晓飞，石海东，蒙启安，等 . 2020. 构造和沉积对页岩油富集的控制作用——以松辽盆地中央坳陷区青一段为例［J］. 大庆石油地质与开发，39（3）：56-71.

付秀丽，蒙启安，郑强，等 . 2020. 松辽盆地古龙页岩有机质丰度旋回性与岩相古地理［J］. 大庆石油地质与开发，41（3）：38-52.

付秀丽，张顺，王辉，等 . 2014a. 古龙地区青山口组重力流储层沉积特征［J］. 大庆石油地质与开发，33（5）：56-62.

付秀丽 . 2014b. 松辽盆地北部齐家地区高台油层沉积体系展布及其成藏分析［J］. 成都理工大学学报，41（4）：422-427.

高福红，许文良，杨德彬，等 . 2007. 松辽盆地南部基底花岗质岩石锆石 LA-ICP-MSU-Pb 定年：对盆地基底形成时代的制约［J］. 中国科学 D 辑：地球科学，37（3）：331-335.

高瑞祺，蔡希源，等 . 1997. 松辽盆地油气田形成条件与分布规律［M］. 北京：石油工业出版社 .

高瑞祺，何承全，乔秀云，等 . 1992. 松辽盆地白垩纪非海相沟鞭藻、绿藻及疑源类［M］. 南京：南京大学出版社 .

高瑞祺，张莹，崔同翠 . 1994. 松辽盆地白垩纪石油地层［M］. 北京：石油工业出版社 .

高瑞祺，赵传本，乔秀云，等 . 1999. 松辽盆地白垩纪石油地层孢粉学［M］. 北京：地质出版社 .

高瑞祺 . 1982. 被子植物花粉的演化［J］. 古生物学报，21（2）：217-224.

高有峰 . 2010. 松辽盆地上白垩统事件沉积与高分辨率层序地层［D］. 长春：吉林大学：38-43.

高有峰，王璞珺，王国栋，等 . 2010. 松辽盆地东南隆起区白垩系嫩江组一段沉积相、旋回及其与松科 1 井的对比［J］. 岩石学报，26（1）：103-107.

郭胜哲 . 2012. 大兴安岭及邻区石炭—二叠纪地层和生物古地理［J］. 地质与资源，21（1）：59-66.

黑龙江地质矿产局 . 1997. 全国地层多层划分对比研究：黑龙江省岩石地层［M］. 武汉：中国地质大学出版社 .

黑龙江省地质矿产局 . 1993. 黑龙江省区域地质志［M］. 北京：地质出版社 .

衡鉴，曹文富 . 1981. 松辽湖盆白垩纪沉积相模式［J］. 石油与天然气地质，2（3）：227-241.

侯读杰，黄清华，黄福堂，等 . 1999. 松辽盆地海侵地层的分子地球化学特征［J］. 石油学报，20（2）：30-34.

侯启军，冯志强，冯子辉，等 . 2009. 松辽盆地陆相石油地质学［M］. 北京：石油工业出版社 .

黄福堂，迟元林，黄清华 . 1999. 松辽盆地中白垩世海侵事件质疑［J］. 石油勘探与开发，26（3）：104-107.

黄清华，吴怀春，万晓樵，等 . 2011. 松辽盆地白垩系综合年代地层学研究新进展［J］. 地层学杂志，35（3）：250-257.

黄清华，张文婧，贾琼，等 . 2009. 松辽盆地上、下白垩统界线划分［J］. 地学前缘，16（6）：77-84.

黄薇，张顺，梁江平，等．2009.松辽盆地沉积地层与成藏响应［J］.大庆石油地质与开发，28（5）：18-22.

霍秋立，曾花森，张晓畅，等．2020.松辽盆地古龙页岩有机质特征与页岩油形成演化［J］.大庆石油地质与开发，39（3）：86-96.

霍秋立，曾花森，张晓畅，等．2012.松辽盆地北部青山口组一段有效烃源岩评价图版的建立及意义［J］.石油学报，33（3）：379-384.

霍秋立，李振广，曾花森，等．2010.松辽盆地北部晚白垩系青一段源岩中芳基类异戊二烯烃的检出及意义［J］.沉积学报，28（4）：815-820.

贾大成．1994.吉林省伊通县放牛沟地区古生代岛弧岩系岩石化学特征及其演化［J］.吉林地质，13（3）：29-37.

贾军诗，等．2007.松江盆地东南缘营城组地层序列的划分与区域对比［J］.吉林大学学报（地球科学版）37（6）：1110-1121.

贾军诗，王璞珺，张斌，等．2006.哈尔滨东宾县四陷白垩纪地层层序及其与辽盆地的对比［J］.地质通报，25（9-10）：1144-1147.

金成志，董万百，白云风，等．2020.松辽盆地古龙页岩岩相特征与成因［J］.大庆石油地质与开发，39（3）：35-44.

荆夏．2011.松辽盆地东部晚白垩世孢粉化石组合及其古生物记录［D］.北京：中国地质大学（北京）：34-35.

堀内．1937.四方台组建组剖面地层分布特征（报告）［R］.

李罡，陈丕基，万晓樵，等．2004.嫩江阶底界层型剖面研究［J］.地层学杂志，28（4）：297-299.

李守军，赵秀丽，贺森，等．2014.东北地区晚古生代构造演化与格局［J］.山东科技大学学报（自然科学版），33（4）：1-4.

梁琛岳，刘永江，朱建江，等．2017.长春东南劝农山地区早二叠世范家屯组岩石变形组构及流变学特征［J］.地球科学，42（12）：2175-2179.

林建平，万天丰，冯明．1994.吉林省大黑山条垒南段古生代晚期一中生代构造演化［J］.现代地质，8（4）：467-473.

林铁锋，白云风，赵莹，等．2020.松辽盆地古龙凹陷青一段细粒沉积岩旋回地层分析及沉积充填响应特征［J］.大庆石油地质与开发，40（5）：31-41.

林铁锋，张庆石，张金友，等．2014.齐家地区高台子油层致密砂岩油藏特征及勘探力［J］.大庆石油地质与开发，33（5）：36-43.

林学燕．1990.吉林浑江煤田石炭二叠系及其古生物特征［J］.中国地质科学院沈阳地质矿产研究所所刊，20：1-44.

刘爱，李东津，李春田．1990.吉林省石炭纪岩相古地理特征及沉积相模式［J］.吉林地质，4：1-10.

刘朋元，柳成志，辛仁臣．2015.松辽盆地东南缘籍家岭泉头组沉积微相特征及演化：由冲积扇演化为曲流河的典型剖面［J］.现代沉积，29（5）：1339-1345.

刘水江，张兴洲，金巍，等．2010.东北地区晚古生代区域构造演化［J］.中国地质，37（4）：943-951.

刘效良，陈从云，杨学增，等．1992.辽吉下二台群—呼兰群中昌图动物群的发现及其意义［J］.地质学报，66（2）：182-192.

刘兴兵，黄文辉．2008.内蒙古图牧吉地区油砂发育主要地质影响因素［J］.资源与产业，10（6）：83-86.

刘永江，张兴洲，金巍，等．2010.东北地区晚古生代区域构造演化［J］.中国地质，37（4）：943-951.

路晓平，吴福元，郭敬辉，等．2005.通化地区古元古代晚期花岗质岩浆作用与地壳演化［J］.岩石学报，21（3）：721-733.

路晓平，吴福元，张艳斌，等．2004.吉林南部通化地区古元古代花岗岩的侵位年代与形成构造背景［J］.岩石学报，20（3）：382-384.

莽东鸿．1980.吉林桦甸县早二叠世大河深组的岩石及生物群特征［J］.地质论评，26（2）：96-98.

蒙启安，白雪峰，梁江平，等．2014.松辽盆地北部扶余油层致密油特征及勘探对策［J］.大庆石油地质与开发，33（5）：23-29.

蒙启安，黄清华，万晓樵，等．2013a.松辽盆地松科1井嫩江组磁极性带及其地质时代［J］.地层学杂志，37（2）：139-143.

孟靖瑶，刘水江，梁琛岳，等．2013.佳—伊断裂带韧性变形特征［J］.世界地质，32（4）：801-803.

潘桂棠，王方国，肖庆辉，等．2009.中国大地构造单元划分［J］.中国地质，36（1）：4-10.

潘柱棠，陆松年，肖庆辉．2016.中国大地构造阶段划分和演化［J］.地学前缘，23（6）：1-22.

裴福萍，许文良，杨德彬，等．2006.松辽盆地基底变质岩中锆石U-Pb年代学及其地质意义［J］.科学通报，51（24）：2881-2887.

任利军，单玄龙，等．2007．松辽盆地营城组古火山机构的剖析：以东南隆起区三台珍珠岩山为例［J］.吉林大学学报地球科学版），37（6）：1159–1164.

闫晶晶，席党鹏，于涛，等．2007．松辽盆地青山口地区嫩江组下部生物地层及环境变化［J］.地质学杂志，31（3）：296–301.

沈艳杰．2012．松辽盆地营城组火山碎屑岩相结构、应用［D］.长春：吉林大学．

司伟民，席党鹏，黄清华，等．2010．松辽盆地东部宾县凹陷青山口组介形类生物地层与生态环境［J］.地质学报，84（10）：1389–1399.

孙潇．2017．松辽盆地南部哈玛尔村附近青山口组二、三段红色泥岩物源区及沉积环境［D］.长春：吉林大学：7–9.

万传彪，孙跃武，薛云飞，等．2014．松辽盆地西部斜坡区新近纪孢粉组合及其地质意义［J］.中国科学：地球科学，44（7）：1429–1442.

万重芳，茅绍智．1987．江汉盆地晚白垩世—早第三纪沟鞭藻、疑源类及其在沉积环境恢复中的意义［J］.石油勘探与开发，14（6）：31–37.

王成文，金巍，张兴洲，等．2008．东北及邻区大地构造属性的新认识［J］.地层学杂志，32（2）：119–136.

王成文，孙跃武，李宁，等．2009．中国东北及邻区晚古生代地层分布规律的大地构造意义［J］.中国科学D辑：地球科学，39（10）：1429–1437.

王五力，郭胜哲．2012．中国东北古亚洲与古太平洋构造域演化与转换［J］.地质与资源，21（1）：27–32.

王五力，李永飞，郭胜．2014．中国东北地块群及其构造演化［J］.地质与资源，23（1）：4–20.

王玉华，梁江平，张金友，等．2020．松辽盆地古龙页岩油资源潜力及勘探方向［J］.大庆石油地质与开发，39（3）：20–34.

吴福元，孙德有，李惠民，等．2000．松辽盆地基底岩石的锆石U-Pb年龄［J］.科学通报，45（6）：656–660.

席党鹏，万晓樵，冯志强，等．2010．松辽盆地晚白垩世有孔虫的发现：来自松科1井湖海沟通的证据［J］.科学通报，55（35）：3433–3436.

席党鹏，万晓樵，荆夏，等．2009．松辽盆地东南区姚家组—嫩江组一段地层特征与湖泊演变［J］.古生物学报，48（3）：557–565.

邢大全，刘永江，唐振兴，等．2015．松辽盆地上古生界构造格局及演化探究［J］.世界地质，34（2）：396–407.

闫晶晶．2007．吉林农安地区青山口组和嫩江组生物地层及古气候变化［D］.北京：中国地质大学（北京）：7.

杨树源，王光奇，刘嵩源．1986．松辽盆地中部东缘早白垩世地层研究的新进展［J］.吉林地质，2：63–69.

杨万里．1985．松辽陆相盆地石油地质［M］.北京：石油工业出版社．

杨学林，孙礼文．1981．松辽盆地东部的营城组［J］.地层学杂志，5（4）：276–284.

姚大全，刘加灿，翟洪涛，等．2004．郯庐断裂带白山—卅铺段第四纪以来的活动习性［J］.地震地质，26（4）：622–627.

叶得泉，黄清华，张莹，等．2002．松辽盆地白垩纪介形类生物地层学［M］.北京：石油工业出版社．

叶得泉，钟筱春．1990．中国北方含油气区白垩系［M］.北京：石油工业出版社．

叶得泉．1988．海拉尔盆地大磨拐河组介形类化石首次发现及其地质意义［J］.大庆石油地质与开发，7（2）：1–4.

张顺，付秀丽，张晨晨．2012．松辽盆地大庆长垣地区嫩江组二段滑塌扇的发现及其石油地质意义［J］.地质科学，47（1）：129–138.

张兴洲，乔德武，迟效国，等．2011．东北地区晚古生代构造演化及其石油地质意义［J］.地质通报，30（2–3）：205–212.

章凤奇，陈汉林，董传万，等．2008．松辽盆地北部存在前寒武纪基底的证据［J］.中国地质，35（3）：421–428.

赵翰卿．1987．松辽盆地大型叶状三角洲沉积模式［J］.大庆石油地质与开发，6（4）：1–10.

郑亚东，Davis GA，王琮，等．1998．内蒙古大青山大型逆冲推覆构造［J］.中国科学：D辑，28（4）：289–294.

周建波，张兴洲，马志红．2009．中国东北地区的构造格局与盆地演化［J］.石油与天然气地质，30（5）：530–538.

周晓东．2009．吉林省中东地区下石炭统一下三叠统地层序列及构造演化［D］.长春：吉林大学．

周勇，胡晋伟，李东涛．2002．辽北早白垩世泉头组沉积体系［J］.地质通报，21（3）：144–148.

周志宏，周飞，吴相梅，等．2011．东北地区佳木斯隆起与周缘中新生代盆地群的耦合关系［J］.吉林大学学报（地球科学版），41（5）：1336–1343.

朱德丰，吴相梅，林铁峰 . 2003. 松辽盆地及邻区基底结构及其对中生代盆地的控制作用［J］. 吉林大学学报（地球科学版），33：1-7.

朱筱敏，刘媛，方庆，等 . 2012. 大型坳陷湖盆浅水三角洲形成条件和沉积模式：以松辽盆地三肇凹陷扶余油层为例［J］. 地学前缘，19（1）：89-99.

Feng Y，Yang Z，Zhu J，et al. 2020. Sequence stratigraphy in post-rift river-dominated lacustrine delta deposits：A case study from the Upper Cretaceous Qingshankou Formation，northern Songliao Basin，northeastern China［J/OL］：Geological Journal，134，doi：10.1002/gj. 3948 FENG ET AL. 21.

Feng Z H，Fang W，Zhang J H，et al. 2007. Composition and distribution characteristics of high molecular weight（C+40）alkane series in source rocks of Songliao Basin［J］. Science in China Series D：Earth Science，37，1150-1162.

Feng Z H，Fang W，Wang X，et al. 2009. Evidence from micropaleontology and molecular fossils of oil shale formation controlled by transgression in the Songliao Basin［J］. Chinese Science D series：Earth Science，39，1375-1386.

Feng Z Q，Jia C Z，Xie X N，et al. 2010. Tectonostratigraphic units and stratigraphic sequences of the nonmarine Sonliao basin，northeast China［J］. Basin Research，22，79-95.

Feng Z，Fang W，Li Z G. 2011. Geochemical signs of the sedimentary environment of large［J］. Science D series：Earth Science，49，1253-1267.

Meng Q，Zhang S，Sun G，et al. 2016. A seismic geomorphology study of the fluvial and calustrine-delta facies of the Cretaceous Quantou-Nenjiang Formation in Songliao Basin，China［J］. Marine and petroleum Geology，78，836-847.

附录

本书图例

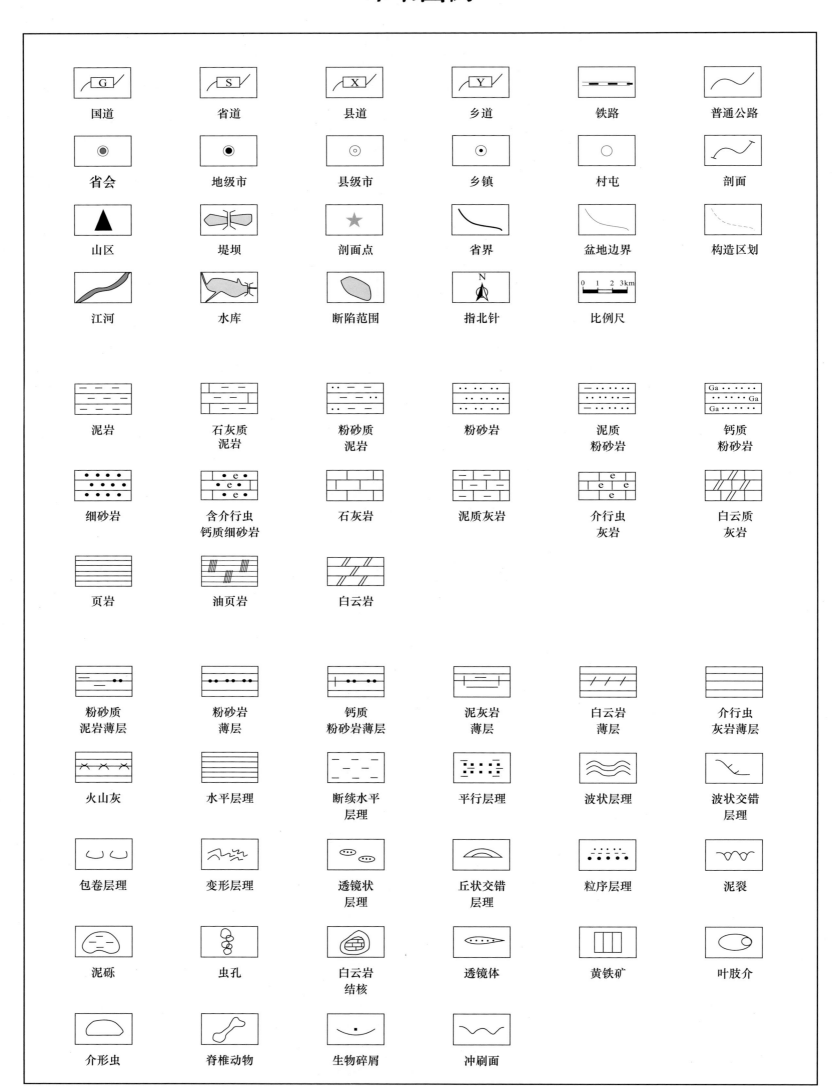

国道　　省道　　县道　　乡道　　铁路　　普通公路

省会　　地级市　　县级市　　乡镇　　村屯　　剖面

山区　　堤坝　　剖面点　　省界　　盆地边界　　构造区划

江河　　水库　　断陷范围　　指北针　　比例尺

泥岩　　石灰质泥岩　　粉砂质泥岩　　粉砂岩　　泥质粉砂岩　　钙质粉砂岩

细砂岩　　含介行虫钙质细砂岩　　石灰岩　　泥质灰岩　　介行虫灰岩　　白云质灰岩

页岩　　油页岩　　白云岩

粉砂质泥岩薄层　　粉砂岩薄层　　钙质粉砂岩薄层　　泥灰岩薄层　　白云岩薄层　　介行虫灰岩薄层

火山灰　　水平层理　　断续水平层理　　平行层理　　波状层理　　波状交错层理

包卷层理　　变形层理　　透镜状层理　　丘状交错层理　　粒序层理　　泥裂

泥砾　　虫孔　　白云岩结核　　透镜体　　黄铁矿　　叶肢介

介形虫　　脊椎动物　　生物碎屑　　冲刷面